Friedrich W. Wurster

AndereAntworten auf Stephen Hawkings große Fragen

Auseinandersetzung mit Stephen Hawking und seinem letzten Buch »Kurze Antworten auf große Fragen«

Umschlag & Satz: Erik Kinting – www.buchlektorat.net
Titelbild: »Die Erschaffung Adams« von Michelangelo
Zitate: Hawking, S.: »Kurze Antworten auf große Fragen«, Klett-Cotta

Filderstädter BoD
Willi Wurster
Aichtalstr. 8/1
70794 Filderstadt
willi.wurster@gmx.de

978-3-9821236-0-8 Paperback
978-3-9821236-1-5 Hardcover
978-3-9821236-2-2 E-Book

Bibliografische Information der Deutschen Nationalbibliothek:
Die Deutsche Nationalbibliothek verzeichnet diese Publikation in der Deutschen Nationalbibliografie; detaillierte bibliografische Daten sind im Internet über http://dnb.d-nb.de abrufbar.

INHALT

Vorwort

Das abschließende Werk von Stephen Hawking „Kurze Antworten auf große Fragen“ greift tief in unser Weltbild ein und ist auch eine Herausforderung. Der Verlag von Stephen Hawking weist darauf hin, dass das Buch aus seinem persönlichen Archiv hervorgegangen ist. Es entstand gerade, als Stephen Hawking im März 2018 starb. In Zusammenarbeit mit seiner Familie und dem Stephen Hawking Estate wurde es vorbereitet und fertiggestellt. Das Buch fand eine hervorragende Resonanz und landete auf einem sehr guten Platz in einigen Bestsellerlisten. Es liest sich wie seine Hinterlassenschaft an die Menschheit, fast wie ein Testament. Er schreibt über Zeitreisen, die Bedrohung unseres Planeten, künstliche Intelligenz und nicht zuletzt über die Nicht-Existenz von Gott. Seine Tochter Lucy Hawking, 47, drückte seinen Glauben in einem Stern-Gespräch wie folgt aus: „Er glaubte aus tiefer Überzeugung an den Menschen“. Insbesondere diese Aussage hat den Autor mit dazu veranlasst sich näher mit den Aussagen und Erkenntnissen dieses großen Physikers und Humanisten, der geniale Entdeckungen gemacht hat, näher zu beschäftigen.
Stephen Hawking bejaht den Menschen wie er ist. Er glaubt auch an seine weitere Höherentwicklung im Rahmen der Evolution. Was er nicht glaubt ist, dass das Universum einen Schöpfer hat. Er meint, dass die Welt ohne einen Schöpfer-Gott auskommt, und dass alles mit dem Urknall aus der Materie heraus entstanden ist.
Diese Meinung kann und will der Autor dieses Buches nicht teilen. Bereits mit seinem Buch „Mensch, wo stehst du heute“, das im Jahr 2016 erschienen ist, hat er sein Weltbild ausgedrückt. Er versucht auf anderen Erkenntnissen, die auch wissenschaftlicher Art sind, aufzubauen, und die Thesen von Stephen Hawking zu widerlegen. Das Buch ist deshalb auch eine gewisse Auseinandersetzung mit Stephen Hawking und seinen Thesen.

Er hätte bestimmt dazu gelächelt und gesagt, dass man es auch anders sehen und begründen kann. Im Grunde war Stephen Hawking bescheiden und ließ auch andere Meinungen gelten. Er bejahte Widerspruch und eine offene Diskussion.

Einführung

Die von Stephen Hawking in seinem Buch angesprochenen Fragen sind für uns Menschen existentiell.

Man kann jedoch durchaus unterschiedliche Sichtweisen dazu haben.

Unser Welt- und Gottesbild hat in der Neuzeit entscheidende und vielseitige Änderungen erfahren. Nichts ist abgeschlossen, alles ist im Fluss.

Auch die großen Wissenschaften wissen, dass sie noch einen weiten Weg vor sich haben.

So elementare Fragen wie: Ist das Universum unendlich oder begrenzt? Hat die Raum-Zeit einen Anfang, den Urknall?

Dehnt sie sich aus? Hat sie ein Ende? Welchen Platz im Universum nehmen wir ein? Woher kommen wir? Wer sind wir? Wohin gehen wir? Und ist in den Modellen der Kosmologen noch Platz für einen Gott?

Ist der Geist das Allumfassende? Ist die Materie nur Schein? Wie stehen Geist und Materie zueinander?

Fragen über Fragen! Dass Stephen Hawking diese Fragen aufgeworfen und auch den Versuch unternommen hat, Antworten darauf zu finden, ist ein nicht geringer Verdienst.

Er fordert mit seinen Thesen aber buchstäblich auch zum Widerspruch heraus.

Die Herangehensweise kann für den Physiker eine ganz andere sein, wie zum Beispiel für den Philosophen oder den Religionswissenschaftler.

Die ersten fünf Fragen sowie die zehnte aus Stephen Hawkings Buch sind tief in seiner Wissenschaft verwurzelt:

Gibt es einen Gott?

Wie hat alles angefangen?

Können wir die Zukunft vorhersagen?
Was befindet sich in einem schwarzen Loch?
Sind Zeitreisen möglich?
Wie gestalten wir unsere Zukunft?

Seine Antworten auf die anderen vier großen Fragen können jedoch nicht fundiert in seiner Wissenschaft verankert werden:
Können wir auf der Erde überleben?
Gibt es anderes intelligentes Leben im Universum?
Sollten wir den Weltraum besiedeln?
Wird uns künstliche Intelligenz überflügeln?

Hawkings Antworten auf diese Fragen sind sehr interessant und aus seiner Sicht entsprechend begründet. Seine Kritiker bemängeln, dass Hawkins „verkehrte Fragen“ stelle oder Binsenweisheiten liefere. Ein Kritiker stellt nach der Lektüre nüchtern fest: „Ein philosophischer Kopf war Hawkings nicht“.

Ziel und Zweck dieses Buches

Ziel und Zweck dieses Buches ist nicht unbedingt Stephen Hawking zu widerlegen.
Sein Buch hat jedoch auch Widersprüchlichkeiten. Es ist sehr aus der Sicht eines rationalen Astro-Physikers geprägt.
Er fordert mit seinen Thesen buchstäblich zum Widerspruch heraus. Die Herangehensweise kann für den Physiker eine ganz andere sein, wie für den Philosophen oder den Religionswissenschaftler. Vom Philosophen Sokrates stammt vermutlich die Aussage „ Ich weiß, dass ich nichts weiß“. Wenn wir uns mit den aufgeworfenen Fragen etwas mehr beschäftigt haben, vielleicht können wir dann sagen: „Etwas mehr an Wissen, ist besser als nichts“.
Der Autor wünscht jedenfalls einen guten Gewinn an Wissen und Erkenntnis.

Aufbau und Gliederung des Buches

Insbesondere die von Stephen Hawking selbst gestellte Frage und seine Antwort auf diese Frage: „Gibt es einen Gott?“ hat den Autor mit dazu veranlasst, dieses Buch zu schreiben.
Dies ist der zentrale Punkt und bedarf einer ausführlichen Darstellung und Begründung.
Ein Schwerpunkt liegt deshalb verständlicherweise auch in dem Versuch Gegenbeweise zu erbringen bzw. einen gegenteiligen Standpunkt zu vertreten.
Der Verfasser lässt viele andere Wissenschaftler zu Wort kommen, die ebenso auf diesem, für den Menschen existenziellem Gebiet, geforscht haben. Ihre daraus gewonnenen Erkenntnisse und Begründungen sind oft verblüffend.
Zu den weiteren Fragen, die die Entstehung des Universums und seinen Aufbau betreffen, gibt es in der wissenschaftlichen Fachliteratur vielseitige interessante Antworten. Auch diese sind teilweise mit eingeflossen.
Auch die Fragen, die die Zukunft des Menschen betreffen, und welchen Einfluss er darauf hat, sind hochinteressant.
Immer sind es die zehn Fragen und die Antworten von Stephen Hawking, die die Grundlage für diese kritische Auseinandersetzung bilden.
Der Autor lässt nach Hawking jeweils auch Wissenschaftler aus den verschiedenen Fachrichtungen zu Wort kommen. Die unterschiedlichen Religionen, aber auch Frau und Herr Jedermann sowie der Verfasser werden zitiert. Also, eine Meinungsvielfalt quer durch die Gesellschaft.

Das Ziel ist, zu erkennen, dass die Großartigkeit des Universums wohl nicht zufällig entstanden ist. Wir finden sowohl im Mikro- als auch im Makrokosmos auf das Feinste abgestimmte Gesetzmäßigkeiten. Das Universum ist wohl geordnet. Es herrscht nicht das Chaos oder der Zufall. Ein einheitlicher Wille ist in der Schöpfung klar erkennbar. Viele Menschen vermuten dahinter Gott.

Warum andere Antworten auf große Fragen?

Der Verfasser hat sich sehr intensiv mit dem Buch von Stephen Hawking „Kurze Antworten auf große Fragen“ beschäftigt. Ihm ist dabei die Bedeutung, die der Mechanik beigemessen wird, sowie die starke Betonung der Materie nicht entgangen. Dagegen kommt die geistige Grundlage, die geistige Substanz unseres Universums, viel zu kurz.

Materie schafft sich nicht selbst. Alles hat eine geistige Grundlage. Nennen wir ihn, in diesem Zusammenhang, den All-Geist. Er ist der Ursprung, das Schaffende und immer weiter Wirkende, unabhängig von Zeit und Raum. Er drückt sich durch geistige Gesetze, aber auch im Sichtbaren durch Formen z.B. der Himmelskörper, aus. Auch all das Leben, auch alle Wesen, sind geistigen Ursprungs. Am Anfang steht immer der alles durchdringende Geist.

Es gibt keinen Ort im gesamten Universum, ob materiell sichtbar oder unsichtbar, zum Beispiel in den Schwarzen Löchern, wo dieser Geist nicht wirkt. Ein Mensch, der an einen Schöpfer-Geist-Gott glaubt, hat verständlicherweise auch zu den von Stephen Hawking gestellten Fragen und seinen Antworten eine oft abweichende Meinung. Dies beginnt bereits mit dem Urknall. Im sogenannten Schöpfer-Glauben ist der Geist mit dem Urknall in die sichtbare Schöpfung getreten und wirkt darin fort. Ob dies dann fundamentale universelle Gesetze sind oder die sonstigen Wirksamkeiten, alle haben ihren Ursprung im Geist.

Stephen Hawking beschreibt die Abläufe in unserem Universum in einer oft nicht bekannten Weise. Große Entdeckungen, wie zum Beispiel den Zusammenhang der universellen Gesetze, und die Folgerungen, die daraus gezogen werden können, sind herausragend beschrieben.

Vom Urknall bis zum Heute kommt man aus dem Staunen nicht heraus und auch große Visionen für die Zukunft der Menschheit, sind Inhalt seines Buches.
Aber das Eine fehlt: Die Anerkennung der Vorherrschaft des Geistes und dass daraus abgeleitet werden kann, dass die Einheit des Geistes und der Materie die Wirklichkeit am besten abbildet. Alles ist Einheit nicht Vielheit. Es gibt nur einen zentralen Willen, einen All-Geist, im gesamten Universum. Diesen Geist darf man ohne zu zögern: Schöpfer, Gott nennen.
Woher kommen die gesamten Lebensgrundlagen des Menschen? Woher kommt das Element Wasser? Woher kommen die gesamten Elemente? Wem haben wir unsere Sonne und damit das Licht zu verdanken?
Es ist höchst unwahrscheinlich, dass dies alles aus dem Nichts heraus, mit dieser grandiosen feinen Abstimmung entstanden ist. Ein zeit- und raumloser, lenkender Geist liegt allem zugrunde. Die großartigen Entdeckungen, zum Beispiel die nicht sichtbare Energie, waren alle vorhanden. Der Mensch musste sie nur entdecken. Er hat dafür eine besondere Gabe von seinem Schöpfer bekommen: seinen Geist. Der ihn von allen anderen Wesen abhebt.
Ein wenig Demut und Dankbarkeit ist durchaus angebracht. Aber dem Zufall oder dem Nichts gegenüber kann man dies nicht ausdrücken. Einem Geist gegenüber schon.

Aus dieser Sicht heraus, braucht das letzte Buch von Stephen Hawking absolut Widerspruch, obwohl es durchaus auch ein Wagnis ist, einem so brillanten Denker, großen Wissenschaftler, zu widersprechen.
Der Mensch hat vermutlich eine besondere Stellung im Universum, aber er ist sicher nicht die Ursache und der Dreh- und Angelpunkt des Universums. Es gibt, Gott sei es gedankt, noch Größeres.

Deshalb auch die etwas andere Sicht zu den Fragen und Antworten von Stephen Hawking.

Kapitel 1

GIBT ES EINEN GOTT?

Stephen Hawking:

Immer öfter beantwortet die Naturwissenschaft Fragen, die einst in die Zuständigkeit der Religion fielen. Die Religion war ein früher Versuch, Antworten auf die Fragen zu finden, die wir alle stellen: Warum sind wir hier, woher kommen wir? Vor langer Zeit lautete die fast immer gleiche Antwort:

Die Götter haben alles geschaffen. Die Welt war ein furchteinflößender Ort, daher glaubten selbst so hartgesottene Kerle wie die Wikinger an übernatürliche Wesen, um sich die Naturerscheinungen wie Gewitter, Stürme oder Sonnen- und Mondfinsternisse zu erklären. Heute liefert die Naturwissenschaft bessere und schlüssigere Antworten, aber es wird immer Menschen geben, die sich an die Religion klammern, weil sie Trost spendet und weil sie der Wissenschaft nicht trauen oder sie nicht verstehen.

Vor einigen Jahren titelte die Times auf ihrer ersten Seite: „Hawking: Gott hat das Universum nicht erschaffen“. Der Artikel war illustriert und zeigte einen grollenden Gott auf einer Zeichnung von Michelangelo.

Von mir druckten sie ein Foto ab, auf dem ich ziemlich selbstgefällig dreinsah.

Die Bilder waren so angeordnet, dass es aussah, als würden Gott und ich ein Duell austragen. Dabei habe ich gar nichts gegen Gott. Auf keinen Fall möchte ich den Eindruck erwecken, in meiner Arbeit gehe es darum, die Existenz Gottes zu beweisen oder zu widerlegen. Meine Forschung hat zum Ziel, ein rationales Bezugssystem zu finden, um das Universum, zu verstehen.

Jahrhundertelang glaubte man, behinderten Menschen wie mir sei von Gott ein Fluch auferlegt worden. Nun, ich halte es durchaus für möglich, dass ich irgendjemand dort oben erzürnt habe, aber ich ziehe es doch vor zu denken, dass alles auch ganz anders erklärt werden kann, nämlich durch die Naturgesetze. Wenn Sie, wie ich, an die Naturwissenschaft glauben, gehen Sie auch davon aus, dass es bestimmte Gesetze gibt, die unter allen Umständen gelten. Wenn Sie möchten, können Sie sagen, die Gesetze seien ein Werk Gottes, aber dann handelt es sich eher um eine Definition Gottes als um einen Beweis für seine Existenz.

Ungefähr 300 v. Chr. faszinierten Finsternisse einen Philosophen namens Aristarch von Samos, vor allem Mondfinsternisse. Er besaß die Kühnheit zu fragen, ob sie wirklich von den Göttern verursacht würden. Aristarch war ein echter wissenschaftlicher Pionier. Nach einem sorgfältigem Studium des Himmels gelangte er zu einer mutigen Schlussfolgerung: Er hatte erkannt, dass die Finsternis in Wirklichkeit der Schatten der Erde war, der über den Mond wanderte, also kein göttliches Ereignis sich vollzog. Durch diese Entdeckung von überkommenen Vorstellungen befreit, fand er heraus, was sich wirklich über seinem Kopf abspielte. Mit Hilfe von Strichzeichnungen veranschaulichte er tatsächliche Beziehung zwischen Sonne, Erde und Mond.

Diese Erkenntnis führte ihn zu noch bemerkenswerteren Schlussfolgerungen.

Denn er leitete daraus ab, nicht die Erde sei der Mittelpunkt des Universums, wie damals allgemein angenommen wurde, sondern die Erde umkreise die Sonne. Tatsächlich lassen sich durch diese Konstellation alle Finsternisse erklären: Wirft der Mond seinen Schatten auf die Erde, dann ist das eine Sonnenfinsternis. Verschattet die Erde den Mond, handelt es sich um eine Mondfinsternis.

Aristarch ging noch einen Schritt weiter. Er behauptete nämlich, Sterne seien keine Risse in der Leinwand des Himmels, wie seine

Zeitgenossen glaubten, sondern andere Sonnen wie die unsere, nur sehr viel weiter entfernt. Wie erstaunlich muss diese Erkenntnis gewesen sein: Das Universum ist eine Maschine, die bestimmten Prinzipien oder Gesetzen gehorcht – Gesetzen die vom menschlichen Verstand begriffen werden können.

Die Entdeckung dieser Gesetze, davon bin ich überzeugt, war die größte Leistung der Menschheit, denn diese Naturgesetze – wie wir sie heute nennen -

zeigen uns, ob wir einen Gott brauchen, um das Universum zu erklären. Die Naturgesetze beschreiben, wie sich die Himmelskörper, Objekte, Gegenstände, kurzum alle Dinge in Vergangenheit, Gegenwart und Zukunft tatsächlich verhalten.

Im Tennis fliegt der Ball immer genau dorthin, wo er nach der Vorhersage der Gesetze landen muss. Hier wirken noch viele andere Gesetze mit. Sie bestimmen alles, was vor sich geht – von der Energie des Schlages, die in den Muskeln der Spieler erzeugt wird, bis hin zu der Geschwindigkeit, mit der das Gras unter ihren Füßen wächst. Doch wirklich entscheidend ist die Tatsache, dass diese physikalischen Gesetze nicht nur unveränderlich, sondern auch universell sind. Neben ihrer Zuständigkeit für die Flugbahn eines Balles gelten sie auch für die Bewegung eines Planeten und jedes anderen Objekts im Universum. Im Gegensatz zu den Gesetzen, die von Menschen gemacht werden, können die Naturgesetze nicht gebrochen werden – daher sind sie so mächtig und, vom religiösen Standpunkt aus, so brisant.

Wenn Sie mit mir davon ausgehen, dass die Naturgesetze unveränderlich sind, ist es nur ein kleiner Schritt zur Frage: Welche Rolle bleibt dann für Gott?

Das ist ein entscheidender Aspekt des Gegensatzes zwischen Naturwissenschaft und Religion, und obwohl meine Ansichten häufig in den aktuellen Schlagzeilen waren, handelt es sich in Wirklichkeit um einen sehr alten Konflikt. Also könnte man Gott als die Verkörperung der Naturgesetze definieren. Allerdings entspräche das nicht der Vorstellung, die sich die meisten Menschen von Gott machen. Sie denken an ein menschenähnliches Wesen, zu dem sie eine persönliche Beziehung unterhalten können. Eine Annahme, die höchst unwahrscheinlich ist, wenn Sie sich die ungeheure Größe des Universums anschauen und bedenken, wie unbedeutend und zufällig menschliches Leben im Universum ist.

Ich verwende das Wort "Gott" wie Einstein in einem unpersönlichen Sinn für die Naturgesetze. Folglich kennt, wer die Naturgesetze kennt, die Gedanken Gottes. Meine Vorhersage lautet: Wir werden am Ende dieses Jahrhunderts wissen, was Gott denkt.

Der letzte verbleibende Bereich, den die Religion noch für sich beanspruchen kann, ist der Ursprung des Universums, aber selbst hier macht die Wissenschaft Fortschritte und dürfte schon bald mit Gewissheit beschreiben können, wie das Universum angefangen hat.

Ich habe ein Buch veröffentlicht, das ziemliches Aufsehen erregte, weil ich darin fragte, ob Gott das Universum geschaffen habe. Weil ein Wissenschaftler sich zu Fragen der Religion geäußert hatte, regten sich die Leute auf. Dabei habe ich gar nicht die Absicht, irgendjemandem zu sagen, was er glauben soll, aber ob es Gott gibt, ist für mich eine berechtigte Frage im Bereich der Wissenschaft. Schließlich lässt sich kaum etwas Wichtigeres – oder Fundamentaleres – denken als das Rätsel, was oder wer das Universum geschaffen hat und kontrolliert.

Ich denke, das Universum ist spontan aus nichts entstanden, aber ganz in Übereinstimmung mit den Naturgesetzen. Dabei ist die physikalische Grundannahme der wissenschaftliche Determinismus. Ist zu einem gegebenen Zeitpunkt der Zustand des Universums bekannt, legen die wissenschaftlichen Gesetze fest, wie es sich weiterentwickelt. Diese Gesetze mögen von Gott erlassen worden sein oder nicht, aber er kann nicht eingreifen, um die Gesetze zu brechen, andernfalls wären es keine Gesetze. Das lässt Gott immer noch die Freiheit, den Ausgangspunkt des Universums zu wählen, aber selbst zu diesem Zeitpunkt scheint es Gesetze geben zu können. Und damit hätte Gott überhaupt keine Freiheit mehr.

Trotz der Komplexität und Vielfalt des Universums stellt sich heraus, dass man nur drei Zutaten braucht. Stellen wir uns vor, wir könnten sie in einer Art kosmischem Kochbuch auflisten. Welche drei Zutaten brauchen wir also, um ein Universum zuzubereiten? Die erste ist die Materie – Stoff der Masse hat.

Materie gibt es überall um uns herum, in dem Boden zu unseren Füssen und draußen im All. Staub, Stein, Eis, Flüssigkeiten. Riesige Gaswolken, massereiche Sternspiralen – jede enthält Milliarden von Sonnen und erstreckt sich über unvorstellbare Entfernungen.

Die zweite Zutat, die Sie brauchen, ist Energie. Auch ohne jemals darüber nachgedacht zu haben, wissen wir alle, was Energie ist. Etwas, dem wir jeden Tag begegnen. Schauen Sie zur Sonne empor, und Sie fühlen die Energie auf Ihrem Gesicht: Energie; die von einem Stern in einer Entfernung von 150 Millionen Kilometern erzeugt wird. Energie durchdringt das Universum und speist die Prozesse, die es zu einem dynamischen, in ewigem Wandel befindlichen Ort machen.

Damit haben wir Materie und Energie. Als Drittes brauchen wir zum Bau eines Universums noch Raum. Viel Raum. Für das Universum lassen sich viele Bezeichnungen finden – ehrfurchtgebietend, erhaben, gewaltig-, aber eines ist es nicht: beengt. Egal, wohin wir schauen, wir sehen Raum, mehr Raum und noch mehr Raum. Raum der sich in alle Richtungen erstreckt. Raum, so unfassbar groß, dass einem schwindelig wird. Da stellt sich die Frage, wo so viel Materie, Energie und Raum herkommen. Bis zum 20. Jahrhundert hatten wir keine Ahnung.

Die Antwort ergab sich aus den Erkenntnissen des vermutlich bemerkenswertesten Wissenschaftlers, der je gelebt hat. Sein Name: Albert Einstein. Leider bin ich ihm nie begegnet, denn ich war erst 13, als er starb.
Einstein machte eine höchst erstaunliche Entdeckung: Die beiden wichtigsten Zutaten zur Herstellung eines Universums – Masse und Energie – sind im Grunde genommen dasselbe, zwei Seiten einer Medaille, wenn Sie so wollen.

Seine berühmte Gleichung $E = mc^2$

bedeutet einfach, dass wir uns Masse als eine Form von Energie vorstellen können und umgekehrt. Folglich lässt sich sagen, dass zur Herstellung eines Universums nicht drei, sondern nur zwei Zutaten gehören: Energie und Raum.
Woher ist diese Menge an Energie und Raum gekommen? Nach jahrzehntelanger Forschung haben Kosmologen die Antwort gefunden: Raum und Energie wurden während eines Ereignisses spontan erzeugt, das wir heute Urknall nennen.
Im Augenblick des Urknalls entstand ein vollständiges Universum und mit ihm der Raum. Das Ganze blähte sich auf wie ein Luftballon, der aufgeblasen wird. Woher kam diese Menge an Energie und Raum? Wie kann ein ganzes Universum mit dieser Energie, mit der unvorstellbaren Ausdehnung des Raumes und mit all dem, was er enthält, so einfach aus dem Nichts auftauchen?
Für einige Menschen war dies der Punkt, an dem Gott wieder ins Spiel kam.
Sie sind überzeugt, Gott habe die Energie und den Weltraum geschaffen.
Der Urknall ist für sie der Augenblick der Schöpfung. Die Wissenschaft hingegen erzählt eine andere Geschichte. Auf die Gefahr hin, mich in Schwierigkeiten zu bringen, möchte ich behaupten, dass wir

weit mehr von den Naturerscheinungen verstehen, die die Wikinger in Angst und Schrecken versetzten. Wir können sogar über die wunderschöne Symmetrie von Materie und Energie hinausgehen, die Einstein entdeckte. Mit Hilfe der Naturgesetze sind wir in der Lage, uns mit dem Ursprung des Universums zu befassen, um festzustellen, ob Gott die einzige Möglichkeit ist, ihn zu erklären.

Als ich nach dem zweiten Weltkrieg in England aufwuchs, herrschte Mangel.

Man sagte uns, man bekomme nie etwas umsonst – nie etwas für nichts. Aber heute, nach einem Leben in der Forschung, bin ich der Meinung, dass man ein ganzes Universum umsonst haben kann.

Das große Rätsel im Herzen des Urknalls ist die Frage, wie sich ein vollständiges, ungeheuer riesiges Universum voll Raum und Energie aus dem Nichts materialisieren kann. Das Geheimnis erklärt sich aus einem der seltsamsten Aspekte unseres Kosmos. Die Gesetze der Physik verlangen die Existenz eines Phänomens, das wir „negative Energie" nennen.

Erlauben Sie mir einen einfachen Vergleich, um Ihnen dieses seltsame, aber höchst entscheidende Konzept näherzubringen. Stellen Sie sich einen Mann vor, der auf einem flachen Stück Land einen Hügel erbauen möchte. Der Hügel soll das Universum darstellen. Um ihn herzustellen, gräbt der Mann ein Loch in den Boden. Und verwendet die Erde, um den Hügel aufzuwerfen.

Natürlich stellt er dabei nicht nur einen Hügel her, sondern er macht auch ein Loch – also eine negative Version des Hügels. Das Erdreich, das im Loch war, ist jetzt zum Hügel geworden und alles bleibt vollkommen im Gleichgewicht.

Genau das ist das Prinzip, das dem Anfang des Universums zugrunde lag.

Als der Urknall eine gewaltige Menge an positiver Energie erzeugte, produzierte er gleichzeitig dieselbe Menge an negativer Energie. Auf diese Weise ergänzen sich das Positive und das Negative immer zu null.

Das ist ein weiteres Naturgesetz.

Wo ist dann all diese negative Energie heute? Sie befindet sich in der dritten Zutat unseres kosmischen Kochbuchs – das heißt, sie ist im Weltraum. Das mag merkwürdig klingen, aber nach den Naturgesetzen, die Gravitation und Bewegung betreffen – Gesetze, die zu den ältesten der Naturwissenschaften gehören -, ist der kosmische Raum selbst ein riesiger Speicher für negative Energie. Genug, um dafür zu sorgen, dass alles sich zu null addiert. Ich gebe zu, dass dies für jemanden, der mit der Mathematik nicht vertraut ist, schwer zu begreifen ist, aber es stimmt. Das unendliche Netz von Milliarden und Aber-Milliarden Galaxien, deren jede mit der Kraft der Gravitation auf alle anderen Galaxien einwirkt, scheint wie eine riesige Speichervorrichtung. Das Universum ist wie ein enormer Akku, der die negative Energie speichert.

Die positive Seite der Dinge – die Masse und Energie, die wir heute sehen – gleicht dem Hügel. Das entsprechende Loch, oder die negative Seite der Dinge, ist über den ganzen Raum verteilt.

Was bedeutet das also für unser Bemühen herauszufinden, ob es einen Gott gibt? Ganz einfach: Wenn sich das Universum zu nichts addiert, braucht man keinen Gott, um es zu erschaffen.

Das Universum ist in der absoluten Bedeutung des Wortes umsonst. Da wir wissen, dass sich das Positive und das Negative zu null addieren, müssen wir jetzt noch herausfinden, was – oder soll ich sagen, wer – den ganzen Prozess ursprünglich ausgelöst hat. Was könnte das spontane auftauchen des Universums verursacht haben? Auf den ersten Blick scheint das ein unlösbares Rätsel zu sein – schließlich materialisieren sich ja die Dinge in unserer Welt nicht aus heiterem Himmel. Wenn Ihnen danach ist, eine Tasse Kaffee zu trinken, können Sie diese nicht durch ein bloßes Fingerschnippen herbeizaubern. Sie müssen sie aus anderem Stoff herstellen – Kaffeebohnen, Wasser und vielleicht etwas Milch und Zucker. Aber reisen Sie in die Tiefen dieser Kaffeetasse – durch die Milchteilchen, durch die atomare Ebene hindurch bis hinab zur subatomaren Ebene – und Sie werden in eine Welt eindringen, in der es durchaus möglich ist, etwas Nichts heraufzubeschwören.

Zumindest für einen kurzen Moment. Der Grund dafür ist, dass Teilchen wie Protonen sich auf dieser Größenscala nach Naturgesetzen verhalten, die wir als Quantentechnik bezeichnen. Solche Objekte können in der Tat ganz zufällig erscheinen, eine Zeit lang bleiben, um wieder zu verschwinden und irgendwo anders aufzutauchen.

Da wir wissen, dass das Universum selbst einmal äußerst klein war – kleiner als ein Proton -, ergibt sich eine bemerkenswerte Konsequenz: In all seiner schwindelerregenden Ausdehnung und Komplexität könnte das Universum ganz einfach aus dem Nichts aufgetaucht sein, ohne die bekannten Naturgesetze zu verletzen. Von dem Augenblick an wären mit der Expansion des Raumes selbst ungeheure Mengen von Energie freigeworden. Ein Ort, um all die negative Energie zu speichern, die zum Ausgleich der Bilanz erforderlich ist.

Aber damit stellt sich eine entscheidende Frage aufs Neue: Hat Gott die Quantengesetze geschaffen, die den Urknall ermöglichten? Kurz gesagt, brauchen wir einen Gott, der alles so arrangiert, dass der Urknall knallt? Es liegt mir völlig fern, irgendjemand in seinem religiösen Glauben zu verletzen, aber ich bin überzeugt, dass die Naturwissenschaften eine schlüssigere Erklärung liefern als einen göttlichen Schöpfer.

Aufgrund unserer täglichen Erfahrung meinen wir, alles, was geschieht, müsse durch etwas verursacht sein, das vorher geschehen ist, daher ist für uns die Annahme natürlich, dass etwas – möglicherweise Gott – die Ursache für die Entstehung des Universums war. Doch wenn wir von dem Universum als einem Ganzen sprechen, muss das nicht unbedingt stimmen. Lassen Sie mich erklären. Stellen Sie sich einen Fluss vor, der einen Berghang hinab fließt. Was verursacht den Fluss? Vielleicht ein Regen, der vorher auf die Berge fiel. Aber was hat den Regen verursacht? Eine gute Antwort wäre: die Sonne, die auf den Ozean schien und den Wasserdampf in den Himmel hob und die Wolken bildete.

Gut, also was bewirkte, dass die Sonne schien? Wenn wir in ihr Inneres Blicken, sehen wir einen Prozess, der als Fusion bezeichnet wird: Wasseratome verschmelzen zu Helium und setzen dabei ungeheure Energiemengen frei.

So weit, so gut. Woher kommt der Wasserstoff? Antwort: vom Urknall. Doch hier liegt der entscheidende Haken. Die Naturgesetze sagen uns nämlich, dass das Universum wie ein Proton aufgetaucht sein kann, ohne Hilfe in Anspruch zu nehmen und ohne Energie zu beanspruchen, aber auch, dass möglicherweise nichts den Urknall verursacht hat. Nichts.

Die Erklärung geht auf Einsteins Theorien und auf seine Erkenntnis zurück, dass Raum und Zeit im Universum zutiefst miteinander verflochten sind. Im Augenblick des Urknalls geschah etwas Wunderbares mit der Zeit. Sie begann.

Um diese aberwitzige Idee zu verstehen, können Sie sich ein schwarzes Loch vorstellen, das im Raum schwebt. Ein typisches schwarzes Loch ist ein Stern, der infolge seiner Masse in sich zusammengestürzt ist. Diese Masse ist so groß, dass seiner Gravitation noch nicht einmal Licht entkommen kann, deshalb ist es fast vollkommen schwarz. Dabei ist seine Gravitationsanziehung stark genug, um nicht nur Licht zu krümmen und zu verformen, sondern auch die Zeit.

Malen Sie sich aus, dass eine Uhr von dem schwarzen Loch verschluckt wird.

Während die Uhr dem Schwarzen Loch näher und näher kommt, beginnt sie immer langsamer zu gehen. Die Zeit selbst verlangsamt sich. Wenn die Uhr in das schwarze Loch eintritt – wobei wir uns natürlich vorstellen, dass sie den extremen Gravitationskräften standhalten kann -, bleibt sie stehen, nicht weil sie kaputt gegangen wäre, sondern weil die Zeit in dem schwarzen Loch nicht existiert. Und genau das geschah, als das Universum begann.

In den vergangenen 100 Jahren haben wir spektakuläre Fortschritte in unserem Verständnis des Universums gemacht. Wir kennen die Gesetze, die bestimmen, was unter praktisch allen Bedingungen geschieht, abgesehen von ganz extremen Situationen wie dem Ursprung des Universums oder den schwarzen Löchern. Die Rolle, die die Zeit zu Beginn des Universums gespielt hat, ist meiner Meinung nach entscheidend, wenn es darum geht, die vermeintliche Notwendigkeit eines großen Weltenbauers zu überwinden und zu enthüllen, wie das Universum sich selbst geschaffen hat.

Reisen wir in der Zeit bis zum Augenblick des Urknalls rückwärts, wird das Universum immer kleiner und kleiner, bis es schließlich so winzig ist, dass es ein unvorstellbares kleines und unvorstellbares dichtes schwarzes Loch ist.

Wie bei den heute im All schwebenden Schwarzen Löchern ergeben sich aus den Naturgesetzen ganz ordentliche Vorhersagen. Auch hier, zeigen die Naturgesetze, muss die Zeit zum Stillstand kommen. Sie können auf unserer Reise keinen Zeitpunkt vor dem Urknall erreichen, da es vor dem Urknall keine Zeit gab. Damit haben wir endlich etwas gefunden, was keine Ursache hat, weil es keine Zeit gab, in der eine Ursache hätte existieren können. Nach meiner Ansicht folgt daraus, dass keine Möglichkeit für einen Schöpfer bleibt, weil es keine Zeit für die Existenz eines Schöpfers gibt.

Die Menschen suchen nach Antworten auf die großen Fragen, etwa warum wir hier sind. Sie erwarten nicht, dass die Antworten einfach sind, und geben sich daher ein wenig Mühe, die Antworten zu verstehen. Sollten Sie mich fragen, ob ein Gott das Universum geschaffen hat, antworte ich Ihnen, schon Ihre Frage sei sinnlos. Denn vor dem Urknall existiere keine Zeit, folglich gab es auch keine Zeit, in der Gott das Universum hätte erschaffen können. Es ist so, als fragte man, in welche Richtung der Rand der Erde liege – die Erde ist eine Kugel, die keinen Rand hat, infolgedessen ist die Suche nach einem Rand vergebliche Liebesmüh.

Bin ich ein gläubiger Mensch? Es steht uns frei zu glauben, was wir wollen.

Meiner Ansicht lautet die einfachste Erklärung, dass es keinen Gott gibt.

Niemand hat das Universum geschaffen und niemand lenkt unsere Geschicke.

Das führt zu einer weitreichenden Erkenntnis: Es gibt wahrscheinlich keinen Himmel und kein Leben nach dem Tod. Ich nehme an, der Glaube an ein Jenseits ist lediglich Wunschdenken. Es gibt keinen verlässlichen Beleg dafür, und die Annahme widerspricht allen wissenschaftlichen Erkenntnissen.

Ich denke, dass wir wieder zu Staub werden, wenn wir sterben. Aber es gibt eine Form, in der wir weiterleben: In unserem Einfluss und in den Genen, die wir an unsere Kinder weitergeben. Wir haben nur dieses Leben, um den großen Plan des Universums zu würdigen, und dafür bin ich außerordentlich dankbar.

Meinung anderer Wissenschaftler und des Autors:

Allgemeines über Gott

Der Glaube an einen Gott spielt auch heute noch in allen Ländern der Welt eine große Rolle. Das Denken und Verhalten von fast jedem Menschen hat immer wieder mit ihm zu tun, denken wir an unsere Moralvorstellungen, an politische Parteien und Staaten, die nach Glaubensregeln regieren, an viele Glaubenskriege, die noch heute stattfinden, an religiöse Vorschriften, die bestimmen, was man wann essen darf und was nicht, usw. Religiöse Rituale begleiten uns von der Geburt bis zum Tod. Vielen hilft der Glaube in der Not ihre persönlichen Probleme zu überwinden. Glauben und Religionen bestimmen unser Leben, ohne dass wir uns dessen immer bewusst werden. Doch was wissen wir eigentlich über das, was wir Gott nennen?

Wen oder was bezeichnen wir als Gott?

Was glauben die meisten Menschen, wer oder was Gott eigentlich ist, unabhängig davon, ob es ihn gibt oder nicht und unabhängig davon, ob man an ihn glaubt oder nicht? Wie stellt man sich ihn vor? Was verbinden wir mit der Bezeichnung Gott? Für alle Weltreligionen, die sich auf einen Gott beziehen, gelten folgende Glaubensvorstellungen:

Gott ist ein überirdisches Wesen aus einer anderen Welt, die man üblicherweise als sein Himmelreich bezeichnet und die sich beispielsweise in einem anderen Universum oder einer anderen Dimension befindet, die uns nicht zugänglich ist. In dieser überirdischen Welt herrscht er über andere überirdische Wesen. Er hat sowohl seine überirdische Welt als auch unsere Welt geschaffen und beherrscht darüber hinaus alles Körperliche und Geistige und damit alles Leben in allen Welten, die es gibt.

Um sich unbestritten gegenüber anderen Gottesvorstellungen auszuzeichnen, müssen seine überirdischen Eigenschaften und Fähigkeiten alles übertreffen, was sich Menschen vorstellen können. Gemessen an unseren begrenzten irdischen Vorstellungen, die natürlich nicht vollständig sein können, lassen sie sich zusammenfassen:

Er das mächtigste Wesen, das es gibt. Er hat alles geschaffen. Er gilt deshalb als allmächtig.

Er ist unsichtbar, da er sich unseren Sinneswahrnehmungen entzieht.
Er ist deshalb ein Geist.
Er ist wandelbar und kann deshalb jede Gestalt annehmen.
Er ist das intelligenteste Wesen, das es gibt. Er ist deshalb allwissend.
Folglich ist alles, was er macht, absolut perfekt.
Er ist allgegenwärtig.
Er lebt ewig.
Diese sieben Eigenschaften und Fähigkeiten definieren die wichtigsten Wesensmerkmale eines Gottes unabhängig davon, ob man an ihn glaubt oder auch nicht. Wer über Gott spricht, muss wissen, was er mit dieser Bezeichnung meint, und was ihn als Wesen gegenüber uns Menschen auszeichnet. Also muss u. a. auch ein Atheist wissen, was er nicht glaubt.
Aufgrund der aufgeführten überirdischen Eigenschaften und Fähigkeiten, die weit über unsere menschlichen Fähigkeiten und Vorstellungen hinausgehen, glaubt man, dass er die Ursache aller sichtbaren und unsichtbaren Dinge auf unserer Welt ist. Damit glaubt man auch, dass er die Welt, genauer gesagt unser gesamtes Universum und vor allem auch alles Leben auf der Erde geschaffen hat.
Weitere Wesenszüge sind umstritten. So glauben alle Religionsgemeinschaften, die an einen einzigen Gott glauben, dass dieser Gott die Welt und alle Lebewesen nur für uns Menschen geschaffen hat.
Dass er nur mit auserwählten Menschen (Abraham, Moses …) und selbst mit ihnen nur indirekt über weitere überirdische Wesen oder Visionen kommuniziert.
Dass er die Menschen nach seinem Abbild geschaffen hat. Deshalb stellt man ihn in den „heiligen Schriften“ manchmal als „überirdischen Menschen“ dar.
Dass er wie wir emotional reagieren, Liebe empfinden, aber auch Zorn und Wut usw. entwickeln kann.

Dass man ihn milde stimmen kann, dass er vergeben kann, dass er die Menschen liebt, usw.
Darüber hinaus werden ihm aber auch einige negative Eigenschaften zugeschrieben, beispielsweise, dass er angebetet, gepriesen und wie ein Herrscher verherrlicht werden möchte usw.

Wer ist Gott

Ihm wurden viele Namen gegeben:
Gott, großer Geist, All-Geist, Universeller Geist, Lenker aller Welten, ewiges Prinzip, Schöpfer, großer Baumeister, oder, je nach Religion, Jehova, Allah, Gott, Shiva usw.
Es wurden dann jeweils die entsprechenden Attribute zugeordnet.
Aus dem Nachdenken über den Schöpfer, sind dann aus der kulturellen Entwicklung heraus, die Religionen vielfältigster Art entstanden. Diese haben nahezu alle ihren Schöpfungsmythos. Auch Anleitungen und Hinweise dazu, wie dieser Schöpfer den Menschen haben will, um seinen Willen in der Schöpfung zu erfüllen, werden gegeben. Es werden Verhaltensweisen vorgegeben, die bei Einhaltung zum Heil führen, z.B. auch zum ewigen Leben, aber auch ewige Verdammnis wird, bei lasterhaftem Verhalten, in verschiedenen Religionen angedroht.
Für Gott gibt es auch die folgende Definition:
Gott ist die Urquelle, der Urgrund alles Seins, die Einheit, das Tao, Brahman, pure Intelligenz, reines Potential, das Absolute, zeitlose Wirklichkeit, allumfassendes Gewahrsein, das Unvergängliche, das Unbenennbare, unendlicher Raum. Gott ist unfassbar, unbeschreibbar, unermesslich. Es ist das alles durchdringende, göttliche, namenlose, formlose, ewig Absolute, allem innewohnendes Prinzip. Es ist das Selbst, das wahre ich eines jeden Organismus und die höchste nicht-duale Wirklichkeit.
Jedoch realisiert es sich als Bewusstsein in der Form.

Wie vertragen sich unsere Vorstellungen von einem Gott mit unserem Wissen?
Alles, was wir wissen, bezieht sich auf unsere wahrgenommenen Realitäten auf unserer Welt und lässt sich jederzeit von uns selbst und von Millionen von Naturwissenschaftlern überprüfen. Ob es Überirdisches gibt, kann natürlich naturwissenschaftlich weder belegt noch widerlegt werden. Fest steht durch zahllose eindeutige Fakten bestätigt, dass zu Beginn unseres Universums nahe dem Zeitpunkt Null die naturwissenschaftlichen Gesetzmäßigkeiten, die wir heute kennen, noch nicht galten. Auch der Zustand ohne Zeit und Raum vor unserem Universum ist unbekannt. Die Mechanismen, die die Raum-, Zeit- und Energiesingularität schufen, die in der Kosmologie der Auslöser unseres Universums war, waren deshalb gewiss nicht irdisch und es wird deshalb naturwissenschaftlich wahrscheinlich nie geklärt werden können, wer oder was dafür verantwortlich war.
Dieses „wer oder was" hatte damals vor etwa 14 Milliarden Jahren auf jeden Fall alle Eigenschaften und Fähigkeiten, die wir einem Gott zuschreiben, da es in der Lage war, die Voraussetzungen für das Leben im Universum mit den speziellen Eigenschaften der Elementarteilchen, die aus Energie geschaffen wurden und den Fundamentalkräften, die noch heute in gleicher Weise zwischen ihnen wirken, zu generieren.
Natürlich können Naturwissenschaftler über Überirdisches keine Aussagen machen, nur über das, was in unserer Realität aufgrund der uns bekannten Naturgesetze mit den geschaffenen Elementarteilchen geschah und heute noch geschieht.

Was wissen wir über die Entstehung unserer Welt?
Unser Universum ist nach den Erkenntnissen der Naturwissenschaften aus einer Raum-, Zeit- und Energiesingularität entstanden. Dabei entstanden aus Energie nicht nur Materieteilchen sondern zwischen

ihnen durch Informationsverarbeitung auch Kräfte, die zu Mechanismen führten, welche für Aktionen sorgten. Wie die einzelnen Phasen der Entwicklung abliefen, sind durch zahlreiche Fakten begründet und werden in dem Standartmodell der Kosmologie detailliert beschrieben. Dabei gilt: Über die sehr speziellen Eigenschaften der Elementarteilchen, die als erstes entstanden, bildeten sich später die Atome und Moleküle, aus denen sich in unserem Universum Milliarden Jahre später speziell auf der Erde das Leben entwickeln konnte.

Mit den Eigenschaften und ihren speziellen Wechselwirkungen der Materieteilchen wurden auch die Informationen und Mechanismen der Kommunikation und Verarbeitung von Informationen geschaffen. Damit enthielten die Bestandteile des Universums bereits bei ihrer Entstehung alle Voraussetzungen zu einer späteren evolutionären Entwicklung aller chemischen, biologischen, genetischen und neuronalen Mechanismen des Lebens und schließlich aller Mechanismen zur Entwicklung unseres denkenden Geistes.

Die Materie, das Universum, Sonnen und Planeten, unsere Erde und damit zunächst die anorganische Natur und aus ihr viel später die organische Natur haben sich evolutionär entsprechend den sehr speziellen Vorgaben der Elementarteilchen entwickelt. Dazu zählen auch alle Mechanismen, die für diese Prozessschritte verantwortlich sind. Da Mechanismen etwas Geistiges sind, kann gezeigt werden, dass sich alles Körperliche und Geistige auf unserer Welt evolutionär entwickelt hat.

Für einen Gott, der als überirdisches Wesen mit überirdischen Fähigkeiten und Eigenschaften in der Lage war, aus dem Nichts ein glühendes Inferno zu erschaffen, das schließlich zu dem führte, was wir heute in unserem Universum und auf unserer Welt beobachten können, ergeben sich daraus aus unserer natürlich sehr menschlichen Sicht folgende logische Konsequenzen und Szenarien:

Als ein überall im Weltall und in uns unbekannten weiteren Universen ewig lebendes Wesen, kann Gott nicht aus Fleisch und Blut sein, da alle organischen Materialien auf vernünftige Temperaturen angewiesen sind und selbst dann noch unbeständig sind. Aus diesem Grund ist schließlich alles organische Leben vergänglich.
Was nicht aus Fleisch und Blut ist, hat auch keine Organe wie Menschen und Tiere, hat weder Hunger noch Durst, leidet nicht in Hitze oder Kälte, kennt keine Triebe, die genetisch verankert sind und hat vermutlich keine oder völlig andere Emotionen, Gefühle und Bedürfnisse wie wir Menschen usw.
Für ein ewig lebendes Wesen macht eine Reproduktion wenig Sinn. Wenn es sich dennoch reproduziert, dann braucht es für die Replikate neue Lebensräume (z. B. neue Universen), sonst könnte ein Chaos entstehen und man könnte nicht mehr von einem einzigen Gott sprechen. Bei einer Reproduktion ist es sehr wahrscheinlich, dass sie über verschiedene Entwicklungsstufen wie bei jedem anderen Lebewesen abläuft, ähnlich wie sich auch unser Universum entwickelt und wie sich alle uns bekannten Lebensformen immer wieder reproduzieren.
Da Gott als Schöpfer unseres Universums und unserer Natur unvorstellbar intelligent sein musste, muss man davon ausgehen, dass er das Universum bereits zum Zeitpunkt Null so perfekt geschaffen hatte, dass sich alles nach seinem Willen und seinen Vorstellungen von Anfang an evolutionär so entwickelte, wie wir es heute feststellen können und keine späteren Korrekturen erlaubte.
Da mit den Naturgesetzen (den vollständig bekannten physikalischen Kräften) und mit den Eigenschaften der uns vollständig bekannten Elementarteilchen die Entwicklung des Universums und des körperlichen und geistigen Lebens vorprogrammiert ist, ist mit ihnen ein Wille in der Natur verankert. Dieser Wille kann als göttlicher Wille interpretiert werden, der alles Geschehen mit höchster Präzision beherrscht und keine Abweichungen duldet.

Über die Eigenschaften der Atome und mit den Naturgesetzen, nach denen alles abläuft, wurde von Anfang an auch die Entwicklung der Lebewesen speziell auf unserem Planeten so vorprogrammiert, wie sie sich im Lauf der Zeit körperlich und geistig entwickelten.

Da jeder Mensch seinen eigenen speziellen Geist entwickelt, kann er willentlich so reagieren, wie es die jeweilige spezielle Situation erfordert. Diese Entscheidungen sind nicht vorprogrammiert, wie oft behauptet wird, sondern neben der Konstruktion und Wirkungsweise des Körpers nur die Konstruktion des Gehirns und die Mechanismen der geistigen Arbeit.

Genetisch sind Köperfunktionen, wie z. B. die Arbeitsweise der Sinne und aller anderen Organe, die unsere Wahrnehmungen betreffen und Empfindungen wie Schmerz oder Erregungen verursachen können, vorprogrammiert. Aber das Denken ist nicht genetisch vorprogrammiert, da alle Informationen des Gehirns von den genetischen Informationen vollständig entkoppelt sind. Die Behauptung, der Mensch hätte keinen freien Willen, weil auch seine Aktionen vorprogrammiert seien, ist deshalb falsch.

Es wird immer Menschen geben, die einen Glauben brauchen, der ihnen Trost spendet und ihnen hilft, ihre Probleme zu bewältigen. Wie in diesem Artikel beschrieben, ist es auch heute noch für aufgeklärte Menschen möglich, an einen Schöpfergott zu glauben, ohne in ernsthaften Konflikt mit gesicherten naturwissenschaftlichen Erkenntnissen zu geraten.

Dieser „naturwissenschaftliche Gott“, den wir für die Raum-, Zeit- und Energiesingularität verantwortlich machen können, aus der er mit höchster Perfektion und Intelligenz unser Universum so vorprogrammiert erschaffen hat, dass es sich ohne weitere Eingriffe evolutionär zu dem entwickeln konnte, was wir heute in unserer unbelebten und belebten Natur erkennen können. Da wir die Eigenschaften, die wir ihm zuschreiben ansatzweise in unserer Natur und uns

Menschen erkennen können, ist der Gedanke, dass er sich evolutionär im Universum reproduziert, nicht unwahrscheinlich. Sein Geist wirkt über die Mechanismen der Naturgesetze in der gesamten unbelebten und belebten Natur von den ersten Sekundenbruchteilen des Universums an und kontrolliert die gesamte materielle Welt sowie alles körperliche Leben in allen Lebewesen und ist damit allgegenwärtig. Mit ihm lebt alles ewig, so wie leicht erkennbar Pflanzen, Tiere und Menschen durch stete Reproduktion solange unsere Erde nicht zerstört wird, ewig leben.

Begründung für einen Schöpfer (Gott) – Theismus

Gibt es Gott? Und kann man seine Existenz beweisen? Eine sinnvolle Vorstellung, die wir uns von Gott machen können, ist die eines unendlich großen und vollkommenen Wesens. Denn alles andere wäre kein Gott, zumindest nicht im christlichen Sinne. Gott ist das, über das Größeres hinaus nicht gedacht werden kann. Doch wenn es zur Vorstellung von Gott gehört, dass er alle Eigenschaften der Großartigkeit besitzt, dann gehört es auch zu diesen Eigenschaften, dass er existiert. Würde er nicht existieren, so würde es ihm zumindest an einer Eigenschaft mangeln, nämlich der, zu sein – und dann wäre es nicht Gott. Etwas, über das hinaus nichts Größeres gedacht werden kann, muss also existieren, denn ansonsten ist diese Vorstellung widersinnig. Folglich lässt sich schließen: Es gibt Gott! Diesen Gottesbeweis hat sich Anselm von Canterbury ausgedacht. Geboren wurde er um das Jahr 1033 als Anselmo im norditalienischen Aosta. Während des ganzen Mittelalters bis in die frühe Neuzeit hatte Anselms Gottesbeweis großes Gewicht. Er hat allerdings auch Kritik herausgefordert. Er muss auch aus seiner Zeit heraus verstanden werden. Er spricht von Gott als einem Wesen. Dies kann auch missverstanden werden.

Zumindest als Mann der Kirche setzt er sich in einen scheinbaren Widerspruch zu Jesus: „Gott ist Geist und die ihn anbeten, sollen ihn im Geist und in der Wahrheit anbeten“, Bibel, Joh. 4, 23. Als Geist ist er demnach auch Prinzip. Er soll deshalb hier keine Einschränkung auf den Begriff Wesen erfahren.

Die Frage nach Gott ist zugleich auch die Frage nach dem Anfang aller Dinge.
Diese Frage, war schon für die alten Griechen ein Hauptproblem der Philosophie. Auch die Wissenschaft, vor allem die Physik, umgeht gern diese Frage. Sie sucht gern nach Gesetzen, die einen Ablauf bestimmen, nicht nach der Einmaligkeit, also nach der Singularität.

Auch bei der Anfangssingularität geht es um etwas grundsätzlich anderes, um etwas, was sich, was sich allen physikalischen Begriffen und Gesetzen entzieht.
Schon eine 100stel Sekunde nach dem Urknall gelten wohlbekannte Gesetze der Physik. Aber für die Zeit 0 und für die Ursache der geheimnisvollen Ur-Explosion ist der Physiker in einer gewissen Verlegenheit: Wie soll er erklären, dass in einer winzigen Einheit von unendlicher Dichte, Temperatur und Anfangsschwung das ganze Potenzial für hundert Milliarden Galaxien enthalten war. Nur wenn er die Anfangsbedingungen erklären kann, kann er die Besonderheit unseres Universums erklären. Dieser Anfang hat zumindest etwas Metaphysisches.

An diesem Punkt setzt der an Gott glaubende Mensch an und stellt damit zugleich die Verbindung zur Evolution her. Der These, dass mit dem Urknall, dem Big Bang, Gott aus dem rein geistigen Bereich in die Materie getreten ist, kann nicht ohne weiteres widersprochen werden. Diese These ist noch nicht absolut beweisbar, sie ist aber auch nicht widerlegbar. Die These geht davon aus, dass vor dem Urknall der Ur-Geist, Gott, der Schöpfer in sich geruht hat. Alles, was nachher in Erscheinung getreten, in die Materie eingeflossen ist, war bereits in ihm beinhaltet. Er ist der Ursprung, das Wesen aller Dinge. Seinen Geist hat er in die Materie mit hineingegeben, ohne das Ruhende aufzugeben. Alles ist in ihm noch beinhaltet. Aber die Evolution und deren weiteren Fortgang ist sein Werk. Er kennt den Weg und das Ziel der Evolution, auch ob diese in ewigen Zeiten wieder ganz in ihn wieder eingeht – also wieder nach Hause kommt, in die ewige Harmonie, und in Ihrem Schöpfer wieder aufgeht. Er hat für all diese Abläufe unendlich viel Zeit. Deshalb entzieht er sich in dieser Hinsicht weitgehend unserem menschlichen Vorstellungsvermögen. Wir Menschen hätten gern einen Zeitraffer.

Dieser Gedanke einer langen Entwicklung ist für den gottgläubigen Menschen nicht furchterregend, sondern eher beruhigend, denn er weiß: Gott ist in seiner Schöpfung, auch im Menschen und der Mensch ist auch immer in Gott. Alles ist hinterlegt. Der Apostel Paulus begründet dies damit, dass Gott auch ein Prinzip ist: "Gott ist Liebe, und wer in der Liebe bleibt, der bleibt in Gott und Gott in ihm".

Gibt es so etwas Ähnliches, wie ein religiöses Zentrum in unserem Gehirn? Und wer, wenn nicht Gott, hat dieses dann angelegt? Dürfen wir uns deshalb auch unseren Gott denken. Mit ihm kommunizieren? Wenn Gott sich in unserem Gehirn verankert hat, ist er immer bei uns. Wir werden ihn nicht los, ob wir wollen oder nicht. Umgekehrt, auch er hat uns nie losgelassen, wir sind ebenso in ihm.

Bei der Frage, ob es einen Gott gibt, wird auch auf die im Universum bestehenden Ordnungsprinzipien verwiesen. Es gibt Gesetze, die den ganzen Kosmos durchziehen, den Makrokosmos und den Mikrokosmos.

Ohne die Feinabstimmung, dass die Materie einen kleinen Überschuss gegenüber der Antimaterie haben muss, die verblüffende Relation von 25% Ur-Helium und 75% Wasserstoff, wäre es nicht zur Bildung von Galaxien, Sternen und Planeten gekommen, die stabil genug waren für Leben in diesem Universum.

Gegenüber der Frage, wer für die Ordnungsprinzipien im Universum ursächlich verantwortlich ist, hat die Wissenschaft keine verbindliche Antwort. Es gibt zwar viele Annahmen, aber keine kann verbindlich untermauert werden. Die Frage nach dem Urgrund des Seins, nach der Schöpfung und ihrem Schöpfer ist wissenschaftlich gesehen, offen.

Wer allerdings die Wahrscheinlichkeiten rein mathematisch in Betracht zieht, dass sich dies alles rein zufällig, aus der Materie heraus, ohne geistigen Urheber, ohne Plan, völlig planlos, ergeben hat, der muss mehr als ins Grübeln kommen. Der Verfasser ist der Meinung dass die mathematische Formel 1 zu fast unendlich lauten könnte. Überwältigend viel, die große Weisheit, die im gesamten Schöpfungsprozess und in der Evolution liegt, spricht für den großen Baumeister. Ganz gleich, wie man ihn auch immer nennen mag.
Er ist unabhängig von Raum und Zeit. Vieles von dem, was wir Menschen nicht verstehen, auch nicht verstehen können, hängt mit der Unermesslichkeit zusammen. Auch jede Wissenschaft ist eben Begrenzungen unterworfen. Es gibt noch vieles jenseits des derzeitigen menschlichen Horizonts.

Im Gegensatz zu den Theisten (Es gibt einen Gott gibt), stehen die:

Atheisten (Es gibt keinen Gott)

Atheismus wird vom griechischen atheos "ohne Gott" abgeleitet und bezeichnet im engeren Sinn die Überzeugung, dass es keinen Gott und keinerlei Götter gibt.

Stephen Hawking vertritt in seinem letzten Buch „Kurze Antworten auf große Fragen" die Meinung, dass ein Gott für die Schöpfung nicht erforderlich war und dass es ihn auch nicht gibt.

Bereits in seinem früheren Buch „Der große Entwurf – eine neue Erklärung des Universums", hat er diese These vertreten: Das Universum könne sich selbst erschaffen, weil es Naturgesetze wie die Schwerkraft gebe. Der Urknall sei eine unausweichliche Konsequenz der physikalischen Gesetze. Die „Hand Gottes" sei dafür nicht nötig, behauptet Hawkins.

Mit dieser These fordert er energischen Widerspruch heraus, vor allem John Lennox, Professor für Mathematik an der Universität Oxford, Dozent für Wissenschaftsphilosophie – und ein bekennender Christ – widerspricht dieser These.

Er kritisiert die These des Astrophysikers Hawking, wonach sich das Universum selbst aus dem Nichts erschaffen habe und Gott dafür nicht nötig gewesen sei. Lennox hat in der englischen Zeitung "Daily Mail" eine ausführliche Erwiderung auf Hawkings Thesen verfasst. Der Physiker erliege einer Reihe elementarer Missverständnisse, schreibt der Mathematiker. Nach Lennox' Überzeugung kann man die Welt nicht ohne Gott erklären.

Hawkings Gottesbild ist fehlerhaft.

Doch wie Lennox in seiner Erwiderung hervorhebt, ist bereits Hawkings Vorstellung von Gott fehlerhaft. Er sehe ihn als Lückenbüßer, der immer dann herhalten müsse, wenn man keine naturwissenschaftliche Erklärung für ein Phänomen finde. Doch für Christen

sei Gott "der Autor der ganzen Show – sowohl von den Teilen, die wir nicht verstehen als auch von denen, die wir verstehen."
"Als Wissenschaftler und Christ würde ich sagen, dass Hawkings Behauptung fehlgeleitet ist", schreibt Lennox in der englischen Zeitung. "Er möchte, dass wir zwischen Gott und den Gesetzen der Physik wählen, so als würden sie in einem Gegensatz zueinander stehen."

Die Schöpfung und ihren Schöpfer verstehen Das aber sei eine falsche Alternative, betont der Mathematik-Professor. So wie man die Arbeit eines Ingenieurs umso mehr bewundere, je besser man sie verstehe, so wachse auch die Ehrfurcht vor dem Schöpfer, je mehr man dessen Schöpfung verstehe.
Lennox liefert für seine These auch ein anschauliches Beispiel: "Wenn er (Hawking) uns dazu aufruft, uns zwischen Gott und den Gesetzen der Physik zu entscheiden, dann ist das so, als ob jemand möchte, dass man sich zwischen dem Luftfahrt-Ingenieur Sir Frank Whittle und den Gesetzen der Physik entscheiden sollte, um zu erklären, wie eine Raketendüse funktioniert. Er bringt hier die Kategorien durcheinander. Die Gesetze der Physik können erklären, wie eine Flugzeugdüse funktioniert, aber jemand muss sie bauen, mit Treibstoff füllen und sie zünden. Das Flugzeug konnte nicht von selbst ohne die Gesetze der Physik erbaut werden, sondern die Entwicklung und der Bau dieser Düse bedurfte des Genies eines Mannes wie Whittle. Genauso konnten die Gesetze der Physik das Universum nicht erschaffen."
Kein Widerspruch zwischen Wissenschaft und Religion.
Außerdem fragt Lennox: "Woher kam die Schwerkraft, und was war die schöpferische Kraft ihrer Geburt?" Hawkings Denken gründe auf der Annahme, dass sich Naturwissenschaft und Religion widersprechen. Doch für ihn als Christen, so Lennox, gebe es da keinen

Widerspruch. Vielmehr stärke "die Schönheit der Naturgesetze" den Glauben an einen intelligenten, göttlichen Schöpfer.
Hawkings Argument, wonach die Existenz der Schwerkraft auf die Erschaffung des Universums aus sich heraus deute, erscheine vor diesem Hintergrund noch unlogischer.
Grundsätzlich, so behauptet der Mathematiker, ergebe der christliche Glaube auch naturwissenschaftlich einen Sinn. Laut Lennox reichen Hinweise auf die Existenz Gottes über die Naturwissenschaften hinaus. Gott habe sich selbst den Menschen in Jesus Christus vor zwei Jahrtausenden offenbart. Dies sei nicht nur in den Schriften der Bibel gut belegt, sondern auch durch eine Fülle archäologischer Funde. Der Professor aus Oxford betont: "Mein Glaube an Gott beruht nicht nur auf Erkenntnissen der Naturwissenschaft sondern auch auf dem historischen Zeugnis, dass Jesus Christus von den Toten auferstanden ist."
Die Botschaft des Atheismus, wonach der Mensch nur nach Selbstbelohnung und Überleben strebe, habe schon immer einen depressiven Eindruck hinterlassen. Lennox: „Atheismus ist ein hoffnungsloser Glaube. Hingegen gibt die christliche Botschaft, fest gegründet in der Auferstehung Jesu Christi von den Toten, Hoffnung für die Zukunft."
John Lennox ist Autor des Buches: "Hat die Wissenschaft Gott begraben? Eine kritische Analyse moderner Denkvoraussetzungen" (Brockhaus Verlag)
Soweit der Disput zwischen einem Atheisten (Hawking = Gottesleugner)) und einem Theisten (Lennox = Gottesbekenner).

Vorgehensweise bei der Suche nach Gott

Der Verfasser dieses Buches hat sich vielerlei Gedanken darüber gemacht, wie man am ehesten bei der Suche nach Gott vorgeht.

Zunächst besteht nach Stephen Hawking die These, dass es keinen Gott gibt. Die Schöpfung sei auch ohne Gott möglich. Die Schwerkraft sei ursächlich für die Entstehung des Universums und die Folgen verantwortlich.
Nach Meinung des Autors muss diese Behauptung hinterfragt werden. Schon im alten Griechenland, wurde diese Methode, durch Fragen der Wahrheit näher zu kommen, angewandt. Auf Sokrates wird diese Vorgehensweise mit zurückgeführt. Auch der von den Griechen hochgeachtete Bereich der Logik, wurde in die Fragestellung mit einbezogen.

Der Verfasser hat zu diesem Zweck eine imaginäre Person entstehen lassen, die Stephen Hawking die Fragen stellt, wie er zu seiner Behauptung kommt, dass es keinen Gott gibt.

Folgende Fragen stellt Frau/Herr Jedermann an Stephen Hawking:

Gilt für Sie auch das universelle Gesetz von Ursache und Wirkung?
Wenn ja, dann kann man bei der Schöpfung zu der Folgerung kommen, dass der Geist vor der Materie da war.
Der Geist ist die Ursache; die Schöpfung, das Universum, ist die Wirkung.

Ist Gott Geist?
Wenn ja, dann muss Gott zwangsläufig vor der Materie da gewesen sein.

Ist Gott ein Schöpfer, ein Erschaffender?
Wenn ja, warum soll er dann nicht über seinen Geist das ganze Universum mit all seinen darin enthaltenen Gesetzen geschaffen haben?

Unterliegt Geist einer Begrenzung?
Wenn nein, dann muss er der Geist (Gott) in zeitlicher Hinsicht der Ewigkeit angehören.
Dies gilt dann ebenso für den Raum. Dieser unterliegt dann ebenfalls keiner Begrenzung, dann hat der Geist auch vor dem Urknall schon bestanden.

Kann das Universum in seiner Unendlichkeit, dieser Größenordnung, den Gesetzen, die darin enthalten sind mit all seinen Galaxien, seinen Sonnen, seinen Planeten, all seiner Großartigkeit, auf etwas anderem beruhen, als auf einem unbeschreiblichen Geist?

Kann Materie ohne Geist denken, planen, schaffen?
Dies ist nicht vorstellbar.

Ist der Geist in der Materie und Nichtmaterie enthalten? Gibt es überhaupt einen Bereich im Universum in dem der Geist nicht enthalten ist?
Nach den heutigen, auch von einem Großteil der Wissenschaft unterstützten Erkenntnissen, ist der Geist allgegenwärtig und im gesamten Universum festzustellen.
Es ist ein alles durchdringender Geist.

Gelten nicht im gesamten Kosmos die gleichen Gesetze?
Auch dies ist wissenschaftlich unbestritten, dass überall im Universum einheitliche Naturgesetze gelten.

Ist es nicht hochinteressant, dass sowohl im Mikrokosmos als auch im Makrokosmos einen ähnlichen Aufbau gibt?
Über dieses Phänomen ist auch die Wissenschaft immer wieder erstaunt.

Weitere Fragen, die man Stephen Hawking stellen müsste:

Kann Materie ohne Geist überhaupt etwas erschaffen?

Wer hat den Geist in die Materie hineingelegt?

Wer hat das Leben, seine Eigenschaften und Formen auf der Erde geschaffen?

Wer hat das Bewusstsein, die Gefühle geschaffen?

Kann Materie nur aus sich heraus sich zum Baumeister werden?

Wenn kein Geist in der Materie ist, wie kann sie dann auf andere Dinge, andere Materie im Universum Einfluss nehmen?

Ist Materie jeweils an ihren Standort gebunden?

Gibt es ein Bauwerk, das aus sich heraus, ohne einen Baumeister, der es über seinen Geist in die Wirklichkeit gebracht hat, entstanden ist?

Ist Schwerkraft nicht nur eine von vielen Gesetzen, die im Universum bestehen?

Warum soll sie vorwiegend für die Schöpfung herausragend verantwortlich sein, da sie selbst erst aus der Ur-Schöpfung hervorgegangen ist?

Die Antworten von Stephen Hawking, wären bestimmt sehr interessant und aufschlussreich.

Aber, dies kann nur vermutet werden, könnte die Antwort vielleicht auch so lauten: „Meine Feststellung ist nicht umfassend, da ich die Wirkung, nämlich die Schwerkraft, mit zur Grundlage meiner Überlegungen, ob es einen Gott gibt, gemacht habe. Ich habe also nicht am Ursprung, der Quelle, sondern erst mitten im Ablauf der Schöpfung mit meinen Überlegungen eingesetzt. Deshalb ist meine Erkenntnis fehlerhaft“.

Auch dem werten Leser bleibt es überlassen, Antworten auf die gestellten Fragen zu finden, und diese dann zu seiner Erkenntnis bezüglich der Gottesfrage zu machen.

Was auffallend an der Argumentation von Stephen Hawking ist: Er kommt in seinem gesamten Buch fast ohne das Wort „Geist“, zumindest, was den „All-Geist“ betrifft, aus. Wo ist der gesuchte Geist bei Hawking geblieben?

Agnostiker

Zum Atheismus im weiteren Sinn werden bisweilen auch andere Abgrenzungen von einem Glauben an Gott gezählt, beispielsweise Ansichten, dass zur Existenz eines Gottes und von Göttern allgemein nichts gewusst werden kann (Agnostizismus).

Der Agnostizismus vereint unterschiedliche Ansichten, daher ist eine Zuordnung schwierig.

Ein bekennender Agnostiker war z.B. der deutsche Schauspieler und Buchautor Joachim Fuchsberger. In seinem Buch „Altwerden ist nichts für Feiglinge“; das im Goldmann-Verlag erschienen ist, führt er aus: “Neben der unausweichlichen Realität des Todes steht für viele Menschen die Frage nach der Existenz Gottes.

Ich bin bekennender Agnostiker, Angehöriger der „Lehre von Unerkennbarkeit des übersinnlichen Seins“, will heißen, ich bin nicht mehr in der Lage, an Gott zu glauben, wie die Institution Kirche es vorschreibt.

Meine Zweifel an „Gott, dem Allmächtigen, begannen im zweiten Weltkrieg. Zuerst in den Bombennächten und später an der Front, wo Gottes Vertreter auf beiden Seiten den Kämpfern beibringen wollten, sie hätten Gottes Segen, sich gegenseitig umzubringen. Dennoch habe ich Respekt vor jedem, der die Kraft der Überwindung so vieler Schwierigkeiten im Leben aus einem tiefen Glauben bezieht. Ich hüte mich, Menschen von ihrer Überzeugung abbringen zu wollen. Was nicht zu beweisen ist, ist auch nicht zu widerlegen. Und letztlich beneide ich die Möglichkeit, sich mit allen Problemen Gott anzuvertrauen mit der Überzeugung, dass sich dieser bemüht, sie zu lösen. Wir Ungläubige haben es da wesentlich schwerer". Soweit der große Schauspieler Joachim Fuchsberger.

Naturwissenschaftler und ihr Gottesbild

Menschen werden durch die Bibel ermutigt, sich mit der Natur zu beschäftigen, sie zu verstehen und zu gestalten (Gen. 1,28 und Gen. 2,15). Im Buch der Weisheit steht, dass der Mensch mit seinem Verstand in der Lage ist, „den Aufbau der Welt und das Wirken der Elemente … den Kreislauf der Jahre und die Stellung der Sterne, die Natur der Tiere und die Wildheit der Raubtiere, und die Verschiedenheit der Pflanzen" zu erkennen (Weisheit 7, 17.19.20) und dann wird erklärt: „Denn von der Größe und Schönheit der Geschöpfe lässt sich auf ihren Schöpfer schließen" (Weisheit 13,5).

Im traditionellen Glaubensverständnis ist Gott ein von außen auf die Welt einwirkender Gott, dem Menschen aber persönlich begegnen können (THEISMUS). Gott ist das Umgreifende, die Welt ist in ihn eingeschlossen (PANENTHEISMUS). Seine Wirklichkeit kann an den Werken der Schöpfung mit dem menschlichen Verstand wahrgenommen werden (Röm. 1,19ff).

In dieser Tradition haben bis zum Anfang der Neuzeit auch die meisten Naturwissenschaftler ihr Tun verstanden. So schlussfolgerte

Nikolaus Kopernikus 1473-1543), geleitet von seinen Erkenntnissen als Astronom: „Wer sollte nicht durch die innige Beschäftigung mit dem, was er in vollendeter Ordnung und in göttlicher Weisheit geleitet sieht … wer sollte nicht den Werkmeister aller Dinge bewundern."

Galileo Galilei (1564-1642) konnte schreiben: „Ich erweise Gott meinen unendlichen Dank, weil er mich allein als ersten Beobachter bewunderungswürdiger Dinge ausersehen hat, die den bisherigen Jahrhunderten verborgen geblieben waren." Nach seinem Verständnis lasen Menschen im „Buch der Natur" und im „Buch der Bibel" – beide konnten aber nur von einer Wirklichkeit reden. Wenn neue naturwissenschaftliche Erkenntnisse den Aussagen (dem wörtlichen Verständnis) der Bibel widersprachen, war aus Galileis Sicht eine Neuinterpretation der Bibel fällig!

Isaac Newton (1642-1727) hatte die Vorstellung, dass Gott nach Fertigstellung seiner Schöpfung nicht mehr eingreifen muss: Er zeigt sich in ihr als vollkommen. „Die wunderbaren Einrichtungen der Sonne, der Wandelsterne, der Kometen können nur nach dem Plan eines allwissenden und allmächtigen Wesens und nur nach dessen Weisung zustande kommen … so ist das ganze All offenbar nach einem einheitlichen Plan ausgerichtet, das Reich eines und desselben Herrschers. Daraus folgt, dass Gott der wahrhaft lebende, all weise und allmächtige Gott ist, das unendlich vollkommene Wesen, welches hoch über dem Weltall steht. "Newton selbst stellte sich diesen Schöpfer personenhaft vor. Aber es war doch die Philosophie des DEISMUS, der er den Weg bereitete. Diese verstand Gott als perfekten „Uhrmacher", der seine Welt ideal konstruiert hatte (Anfangsbedingungen, Naturgesetze), sodass sie fortan ohne ihn ablaufen konnte.

Über zweihundert Jahre später schreibt der Physiker Max Planck: dass ich es als eine Gnade des Himmels betrachte, dass mir von

Kindheit an der feste, durch nichts beirrbare Glaube an den Allmächtigen und Allgütigen tief im Innern wurzelt. "Für ihn steht fest: „Es ist ein unbezweifelbares Ergebnis der physikalischen Forschung, dass die elementaren Bausteine des Weltgebäudes nicht in einzelnen Gruppen ohne einen Zusammenhang nebeneinanderliegen, sondern dass sie sämtlich nach einem einzigen Plan aneinandergefügt sind, oder, mit anderen Worten, dass in allen Vorgängen der Natur eine universale, uns bis zu einem gewissen Grad erkennbare Gesetzlichkeit herrscht … Religion und Naturwissenschaft begegnen sich in der Frage nach der Existenz und nach dem Wesen einer höchsten über die Welt regierenden Macht." Für Planck ist „die Gottheit, die der religiöse Mensch sich nahezubringen sucht, wesensgleich mit der naturgesetzlichen Macht." Diese Gleichsetzung von Gott und Naturordnung liegt vielen Physikern seiner Zeit nahe. Auf einen weiteren Gesichtspunkt in Plancks Religionsverständnis macht sein „Kollege" Heisenberg aufmerksam: „Für Planck sind Religion und Naturwissenschaft deswegen vereinbar, weil sie, wie er voraussetzt, sich auf ganz verschiedene Bereiche der Wirklichkeit beziehen. Die Naturwissenschaft handelt von der objektiven materiellen Welt. Sie stellt uns vor die Aufgabe, richtige Aussagen über diese objektive Wirklichkeit zu machen und ihre Zusammenhänge zu verstehen. Die Religion aber handelt von der Welt der Werte. Hier wird von dem gesprochen, was sein soll, was wir tun sollen, nicht von dem, was ist." Planck selbst sagt das so: „Die Naturwissenschaft braucht der Mensch zum Erkennen, die Religion aber braucht er zum Handeln." Das ist ein neuer Aspekt – die hier vorgenommene Trennung bei den „Zuständigkeiten" könnte die Einheit der Wirklichkeit in Frage stellen, kann auch zu einer scharfen Spaltung von Wissen und Glauben führen.

Auch Albert Einstein (1879-1955) hat immer wieder von Gott gesprochen. Sein herrlich naives Gottesbild verstand jeder sofort, wenn

Einstein etwa fragte: „ob der Herrgott nicht (über meine Einfälle) lacht und mich an der Nase herumführt“, oder „welche Schräubchen der Alte wohl dreht, um alles das zu bewerkstelligen“, welche Wahl „der ewige Rätselgeber“ bei der Erschaffung der Welt hatte.“ Einstein war sich sicher: „Raffiniert ist der Herrgott, aber boshaft ist er nicht“, und er wusste: „Gott würfelt nicht“. Im April 1921 bekam er ein Telegramm des New Yorker Rabbis Herbert Goldstein: „Glauben sie an Gott? Stop. Bezahlte Antwort: 50 Worte“. Der sparsame Einstein telegrafierte nur 29 Wörter zurück: „ Ich glaube an Spinozas Gott, der sich in der gesetzlichen Harmonie des Seienden offenbart, nicht an einen Gott, der sich mit dem Schicksal und den Handlungen der Menschen abgibt“. Der Philosoph Spinoza vertrat die Ansicht, dass die Natur mit den ihr innewohnenden Gesetzmäßigkeiten mit Gott gleichzusetzen sei (PANTHEISMUS). In diesem Sinne glaubte Einstein an eine „kosmische Religiosität“, die er in der vollkommenen Harmonie des Kosmos zu erkennen meinte. Er empfand „tiefe Ehrfurcht vor der Vernunft, die sich in der Wirklichkeit offenbart“. Alles im Universum war nach seinem Verständnis vorherbestimmt, es gab keinen Platz für Zufall (etwa in der Quantenphysik). Gott war für Einstein ein unermesslicher Geist, kein dem einzelnen Menschen zugewandter, persönlicher Gott. Ernsthafte Naturwissenschaftler waren für ihn die einzig tief religiösen Menschen.

Sein Schüler Werner Heisenberg (1901-1974) war der Überzeugung, dass sich in der Welt immer wieder eine „zentrale Ordnung durchsetzt“. Er bestaunte „die Tatsache, dass nach jedem Winter doch wieder Blumen auf den Wiesen blühen … dass also Chaotisches sich immer wieder in Geordnetes verwandelt“ und stellte sich selbst die Frage: „Glaubst du an einen persönlichen Gott? – Darf ich die Frage auch anders formulieren? Dann würde sie lauten: Kannst du der zentralen Ordnung der Dinge oder des Geschehens, an der man ja nicht zweifeln kann, so unmittelbar gegenübertreten, mit ihr so unmittelbar in Verbindung treten, wie dies bei der Seele eines anderen Menschen möglich ist? Ich verwende hier ausdrücklich das so schwer deutbare Wort „Seele“, um nicht missverstanden zu werden. Wenn du so fragst, würde ich mit Ja antworten.“ Die Frage nach der Existenz Gottes ist für Heisenberg „die Frage nach dem, was wir tun sollen … anderen helfen und tüchtig sein … in der Welt, die zugleich die „Welt Gottes“ ist … das Bewusstsein der Heimat.“

George Coyne (geb.1933) ist Professor für Astrophysik und Jesuitenpater – und er leitet die Sternwarte des Vatikans. Er meinte in einem Interview mit dem SPIEGEL: „Die Naturwissenschaft offenbart uns einen Gott, der ein Universum erschaffen hat, dem eine gewisse Dynamik innewohnt und das somit am Schöpfungsakt Gottes teilnimmt.

Naturwissenschaftler sprechen von Gott. Sie sind geprägt von der Zeit, in der sie gelebt haben, von der kulturellen und religiösen Tradition, in die sie eingebunden waren. Jeder von ihnen hat letztlich sein ganz persönliches Gottesverständnis. Ich maße mir nicht an, hier zu entscheiden, was richtig ist oder falsch. Ich möchte alle ernst nehmen bei der Suche nach dem Urgrund, der unser Dasein trägt, und mich von ihren Gedanken anregen lassen.

Weitere Naturwissenschaftler über Gott:

Charles Darwin: Ich habe niemals die Existenz Gottes verneint. Ich glaube, dass die Entwicklungstheorie absolut versöhnlich ist mit dem Glauben an Gott. Die Unmöglichkeit des Beweisens und Begreifens, dass das großartige über alle Maßen herrliche Weltall ebenso wie der Mensch zufällig geworden ist, scheint mir das Hauptargument für die Existenz Gottes.

Charles Darwin (1809-1882), englischer Naturforscher, Begründer der Evolutionstheorie Guglielmo Marchese Marconi: Ich erkläre mit Stolz, dass ich gläubig bin. Ich glaube an die Macht des Gebetes. Ich

glaube nicht nur als gläubiger Katholik, sondern auch als Wissenschaftler.
Guglielmo Marchese Marconi (1874-1937), italienischer Ingenieur und Physiker. Albert Einstein, Physiker: Das strahlende Bild des Nazareners hat einen überwältigenden Eindruck auf mich gemacht. Es gibt nur eine Stelle in der Welt, wo wir kein Dunkel sehen. Das ist die Person Jesu Christi. In ihm hat sich Gott am deutlichsten vor uns hingestellt.
Albert Einstein (1879-1955), zitiert in Konstanzer Kalender 9. März 2004
Das Schönste und Tiefste, was der Mensch erleben kann, ist das Gefühl des Geheimnisvollen.
Es liegt der Religion sowie allem tieferen Streben in Kunst und Wissenschaft zugrunde. Wer dies nicht erlebt hat, erscheint mir, wenn nicht wie ein Toter, so doch wie ein Blinder. Zu empfinden, dass hinter dem Erlebbaren ein für unseren Geist Unerreichbares verborgen sei, dessen Schönheit und Erhabenheit uns nur mittelbar und in schwachem Widerschein erreicht, das ist Religiosität. In diesem Sinne bin ich religiös.“ (Aus: Mein Glaubensbekenntnis.)

Eddington, Sir, Arthur Stanley: Die moderne Physik führt uns notwendig zu Gott hin, nicht von ihm fort. – Keiner der Erfinder des Atheismus war Naturwissenschaftler. Alle waren sie sehr mittelmäßige Philosophen.
Sir Arthur Stanley Eddington (1882-1946), englischer Astronom und Physiker. Werner von Braun: Über allem stehe die Ehre Gottes, der das große Universum schuf, das der Mensch und seine Wissenschaft in tiefer Ehrfurcht von Tag zu Tag weiter durch dringe und erforsche. Die gelegentlich gehörte Meinung, dass wir im Zeitalter der Weltraumfahrt so viel über die Natur wissen, dass wir es nicht mehr nötig haben, an Gott zu glauben, ist durch nichts zu rechtfertigen. Bis zum

heutigen Tag hat die Naturwissenschaft mit jeder neuen Antwort wenigstens drei neue Fragen entdeckt. Nur ein erneuerter Glaube an Gott kann die Wandlung herbeiführen, die unsere Welt vor der Katastrophe retten kann. Wissenschaft und Religion sind dabei Geschwister, keine Gegensätze.
Werner von Braun (1912-1977), deutscher Physiker, Raketen- und Raumfahrttechniker. Werner Heisenberg: Der erste Trunk aus dem Becher der Naturwissenschaft macht atheistisch, aber auf dem Grund des Bechers wartet Gott.
Werner Heisenberg (1901-1976), deutscher Physiker. Quelle für das Vorstehende: Gott und die Welt in Zitaten, http://dreifaltigkeit-altdorf.de/zitate.htm

Sir Isaac Newton: Ohne allen Zweifel konnte diese Welt, so wie wir sie erfahren, mit all ihrer Vielfalt an Formen und Bewegungen, nur und aus nichts anderem entstehen als aus dem absoluten und freien Willen Gottes, der über alles herrscht und regiert.
Sir Isaac Newton (1643-1727), englischer Physiker, Mathematiker und Astronom (Quelle: Philosophiae Naturalis Principia Mathematica, 1713)

Max Planck zum Thema Gott und Naturwissenschaft
Zitate:
Im Folgenden einige Worte von Max Planck zum Thema *Gott und Naturwissenschaft*, die er im Rahmen seiner naturwissenschaftlichen Vorträge formulierte ("als Naturforscher" – wie er zu sagen pflegte".)
Max Planck: "Meine Herren, als Physiker, der sein ganzes Leben der nüchternen Wissenschaft, der Erforschung der Materie widmete, bin ich sicher von dem Verdacht frei, für einen Schwarmgeist gehalten zu werden.

Und so sage ich nach meinen Erforschungen des Atoms dieses: Es gibt keine Materie an sich.
Alle Materie entsteht und besteht nur durch eine Kraft, welche die Atomteilchen in Schwingung bringt und sie zum winzigsten Sonnensystem des Alls zusammenhält. Da es im ganzen Weltall aber weder eine intelligente Kraft noch eine ewige Kraft gibt – es ist der Menschheit nicht gelungen, das heißersehnte Perpetuum mobile zu erfinden – so müssen wir hinter dieser Kraft einen bewussten intelligenten Geist annehmen. Dieser Geist ist der Urgrund aller Materie. Nicht die sichtbare, aber vergängliche Materie ist das Reale, Wahre, Wirkliche – denn die Materie bestünde ohne den Geist überhaupt nicht – , sondern der unsichtbare, unsterbliche Geist ist das Wahre! Da es aber Geist an sich ebenfalls nicht geben kann, sondern jeder Geist einem Wesen zugehört, müssen wir zwingend Geistwesen annehmen. Da aber auch Geistwesen nicht aus sich selber sein können, sondern geschaffen werden müssen, so scheue ich mich nicht, diesen geheimnisvollen Schöpfer ebenso zu benennen, wie ihn alle Kulturvölker der Erde früherer Jahrtausende genannt haben: Gott! Damit kommt der Physiker, der sich mit der Materie zu befassen hat, vom Reiche des Stoffes in das Reich des Geistes. Und damit ist unsere Aufgabe zu Ende, und wir müssen unser Forschen weitergeben in die Hände der Philosophie." (1)
Max Planck (1937, S. 331/332): "Im Gegensatz dazu [der Methodik des religiösen Menschen] ist für den Naturforscher das einzig primär Gegebene der Inhalt seiner Sinneswahrnehmungen und der daraus abgeleiteten Messungen. Von da aus sucht er sich auf dem Wege der induktiven Forschung Gott und seiner Weltordnung als dem höchsten, ewig unerreichbaren Ziele nach Möglichkeit anzunähern. Wenn also beide, Religion und Naturwissenschaft, zu ihrer Betätigung des Glaubens an Gott bedürfen, so steht Gott für die eine am Anfang, für die andere am Ende alles Denkens. Der einen bedeutet er das

Fundament, der anderen die Krone des Aufbaus jeglicher weltanschaulicher Betrachtung." (2)
S. 332: "Religion und Naturwissenschaft – sie schließen sich nicht aus, wie manche heutzutage glauben oder fürchten, sondern sie ergänzen und bedingen einander. Wohl den unmittelbarsten Beweis für die Verträglichkeit von Religion und Naturwissenschaft auch bei gründlich-kritischer Betrachtung bildet die historische Tatsache, dass gerade die größten Naturforscher aller Zeiten, Männer wie Kepler, Newton, Leibniz von tiefer Religiosität durchdrungen waren."
Max Planck (1923, S. 164): "Freilich: dass ein an Weisheit uns himmelhoch überlegenes Wesen, welches jede Falte in unserem Gehirn und jede Regung unseres Herzens durchschauen kann, unsere Gedanken und Handlungen als kausal bedingt erkennen würde, das müssen wir uns schon gefallen lassen. Darin liegt aber keinerlei Herabwürdigung unseres berechtigten Selbstgefühls. Teilen wir doch diesen Standpunkt auch mit den Bekennern der erhabensten Religionen. Soweit wir dagegen selbst als erkennendes Subjekt auftreten, müssen wir auf eine rein kausale Beurteilung unseres gegenwärtigen Ich Verzicht leisten. Hier ist also die Stelle, wo die Willensfreiheit einsetzt und ihren Platz behauptet, ohne sich durch irgendetwas verdrängen zu lassen."
Max Planck (1926, S. 205): "Es hat Zeiten gegeben, in denen sich Philosophie und Naturwissenschaft fremd und unfreundlich gegenüberstanden. Diese Zeiten sind längst vorüber. Die Philosophen haben eingesehen, dass es nicht angängig ist, den Naturforschern Vorschriften zu machen, nach welchen Methoden und zu welchen Zielen hin sie arbeiten sollen, und die Naturforscher sind sich klar darüber geworden, dass der Ausgangspunkt ihrer Forschungen nicht in den Sinneswahrnehmungen allein gelegen ist und dass auch die Naturwissenschaft ohne eine gewisse Dosis Metaphysik nicht auskommen kann."

Max Planck (1930, S. 243): "Vor Gott sind alle Menschen, auch die vollkommensten und die genialsten, auch ein Goethe und ein Mozart, primitive Geschöpfe, deren geheimste Gedanken und feinste Gefühlsregungen unter seinem Auge sich wie Perlen einer Kette in regelmäßiger Aufeinanderfolge aneinanderreihen. Das tut der Würde dieser großen Männer keinen Abbruch. Nur muss man immer berücksichtigen, dass es eine Vermessenheit und ein Unsinn wäre, wenn man auf Grund dieser Überlegungen den Versuch machen wollte, es dem göttlichen Auge gleichzutun und die Gedanken des göttlichen Geistes vollständig nachzudenken. Der gewöhnliche menschliche Intellekt würde gar nicht fähig sein, die tiefsten Gedanken auch nur zu verstehen, selbst wenn sie ihm mitgeteilt würden, und insofern entzieht sich der Satz von der Determiniertheit der geistigen Vorgänge in vielen Fällen einer jeden Prüfung, er ist metaphysischer Art, ebenso wie der Satz, dass es eine reale Außenwelt gibt."
Max Planck (1930, S. 247/248) (Zu Johannes Kepler* nach Aufführung der Schwierigkeiten und Nöte im Leben dieses Forschers): "Was ihn bei all dem aufrecht erhielt und arbeitsfähig machte, war … sein Glaube an das Walten vernünftiger Gesetze im Weltall. Das sieht man besonders deutlich an einem Vergleich mit seinem Meister und Vorgesetzten Tycho de Brahe. Dieser war im Besitz derselben wissenschaftlichen Kenntnisse … aber ihm fehlte der Glaube an die großen ewigen Gesetze. Deshalb blieb Tycho de Brahe einer unter mehreren verdienten Forschern, Kepler aber wurde der Schöpfer der neueren Astronomie."
[Dazu ein Zitat von Johannes Kepler(1571-1630): "Unsere Andacht [Gott auf die wahre Weise zu feiern, zu verehren, und zu bewundern] ist umso tiefer, je besser wir die Schöpfung und ihre Größe erkennen. Wahrlich, wie viele Loblieder auf den Schöpfer, den wahren Gott, hat David, der wahre Diener Gottes gesungen! Die Gedanken dazu hat er aus der bewundernden Betrachtung des Himmels geschöpft.

Die Himmel verkünden die Herrlichkeit Gottes, sagt er: Ich will nicht davon reden, dass mein Gegenstand ein gewichtiges Zeugnis für die Tatsache der Schöpfung ist, die von Philosophen geleugnet worden ist. Denn wir sehen hier, wie Gott gleich einem menschlichem Baumeister, der Ordnung und Regel gemäß an die Grundlegung der Welt herangetreten ist und jegliches so ausgemessen hat, dass man meinen könnte, nicht die Kunst nehme sich die Natur zum Vorbild, sondern Gott selber habe bei der Schöpfung auf die Bauweise des kommenden Menschen geschaut" (Kepler 1596).](3)
Max Planck (1932, S. 266): "Der Einwand, dass dieser ideale Geist selber doch nur ein Produkt unserer Gedanken ist und dass unser denkendes Hirn schließlich auch aus Atomen besteht, die physikalischen Gesetzen gehorchen, vermag einer näheren Prüfung nicht standzuhalten. Denn es kann kein Zweifel darüber bestehen, dass unsere Gedanken uns ohne weiteres über jedes uns bekannte Naturgesetz hinausführen können und dass wir Zusammenhänge auszumalen vermögen, die mit eigentlicher Physik überhaupt nichts mehr zu tun haben. Wer da behauptet, dass der ideale Geist nur im menschlichen Gedanken existieren könnte und mit dem Denkenden zugleich aus dem Leben verschwinden würde, der müsste konsequenterweise auch behaupten, dass die Sonne, wie überhaupt die ganze uns umgebende Außenwelt, nur in unseren Sinnen, als der einzigen Quelle unserer wissenschaftlichen Erkenntnis, existieren kann, während doch jeder vernünftige Mensch davon überzeugt ist, dass die Sonne selbst beim Aussterben des ganzen Menschengeschlechts nicht im mindesten dadurch an Leuchtkraft einbüßen würde. Wir glauben an die Existenz einer realen Außenwelt, obwohl sie sich niemals zum Gegenstand einer wissenschaftlichen Untersuchung machen lassen wird."
S. 266/267: "Freilich aufzwingen lässt sich dieser Glaube niemandem, eben so wenig wie man die Wahrheit befehlen oder den Irrtum

verbieten kann. Aber allein die einfache Tatsache, dass wir wenigstens bis zu einem gewissen Grade imstande sind, künftige Naturereignisse unseren Gedanken zu unterwerfen und nach unserem Willen zu lenken, müsste ein völlig unverständliches Rätsel bleiben, wenn sie nicht zum mindesten eine gewisse Harmonie ahnen ließe, die zwischen der Außenwelt und dem menschlichen Geist besteht. Und es ist logisch genommen nur eine Frage von sekundärer Bedeutung, bis zu welcher Tiefe man sich die Reichweite dieser Harmonie erstreckt denken will. Die vollendende Harmonie und damit die strengste Kausalität gipfelt jedenfalls in der Annahme eines idealen Geistes, der sowohl das Walten der Naturkräfte als auch die Vorgänge im Geistesleben des Menschen bis ins Einzelne und Feinste in Gegenwart, Vergangenheit und Zukunft durchschaut.

Wie steht es dann aber mit der Freiheit des Willens? Nach meiner Meinung besteht nicht der geringste Widerspruch zwischen dem Walten einer strengen Kausalität in dem hier behandelten Sinne und der Freiheit des menschlichen Willens. Denn das Kausalgesetz einerseits und die Willensfreiheit andererseits beziehen sich auf ganz verschiedenartige Fragen. Während man, wie wir gesehen haben, zum Verständnis einer strengen Kausalität im Weltgeschehen der Annahme eines idealen, alles durchschauenden Geistes bedarf, ist die Frage, ob der Wille frei ist oder nicht, lediglich eine Angelegenheit des Selbstbewusstseins, sie kann also nur durch das eigene Ich entschieden werden. Der Begriff der menschlichen Willensfreiheit hat nur den Sinn, dass der Mensch sich selbst innerlich frei fühlt, und ob das der Fall ist, kann nur er selber wissen. Damit steht nicht im Widerspruch, dass seine Willensmotive von einem idealen Geiste vollständig durchschaut werden können. Wer sich durch eine solche Vorstellung in seiner sittlichen Würde geschmälert fühlt, der vergisst die himmelhohe Erhabenheit des idealen Geistes über seine eigene Intelligenz."

Max Planck (1935, S. 296): "Wie dem immerhin sein mag, und welche Ergebnisse dereinst einmal ans Tageslicht kommen werden, eins lässt sich auf alle Fälle mit voller Sicherheit behaupten: von einer restlosen Erfassung der realen Welt wird eben so wenig jemals die Rede sein können wie von einer Erhebung der menschlichen Intelligenz bis in die Sphäre des idealen Geistes ... Wohl aber hindert nichts an der Annahme, dass wir uns dem unerreichbaren Ziele fortdauernd und unbegrenzt annähern können, und dieser Aufgabe zu dienen, in der einmal als aussichtsreich erkannten Richtung dauernd vorwärts zu kommen, ist gerade der Sinn der unablässig tätigen, sich immer aufs neue korrigierenden und verfeinernden wissenschaftlichen Arbeit."
Max Planck (1937, S. 320) (Nach seiner Ablehnung von "Naturwundern"): "Unter diesen Umständen ist es nicht verwunderlich, wenn die Gottlosenbewegung, welche die Religion als ein willkürliches, von machtlüsternen Priestern ersonnenes Trugbild erklärt und für den frommen Glauben an eine höhere Macht über uns nur Worte des Hohnes übrig hat, sich mit Eifer die fortschreitende naturwissenschaftliche Erkenntnis zunutze macht und im angeblichen Bunde mit ihr in immer schnelleren Tempo ihre zersetzende Wirkung über die Völker der Erde in allen ihren Schichten vorantreibt. Dass mit ihrem Siege nicht nur die wertvollsten Schätze unserer Kultur, sondern, was schlimmer ist, auch die Aussichten auf eine bessere Zukunft der Vernichtung anheimfallen würden, brauche ich hier nicht näher zu erörtern."
S. 332: "Die Naturwissenschaft braucht der Mensch zum Erkennen, die Religion aber braucht er zum Handeln."
S. 333: "Es ist der stetig fortgesetzte, nie erlahmende Kampf gegen Skeptizismus und Dogmatismus, gegen Unglaube und Aberglaube, den Religion und Naturwissenschaft gemeinsam führen. Und das richtungweisende Losungswort in diesem Kampf lautet von jeher und in alle Zukunft: Hin zu Gott!"

Wenn Gott Geist ist, dann bedarf es auch einer Klärung, was alles unter Geist verstanden wird.

Geist ist ein uneinheitlich verwendeter Begriff der Philosophie, Theologie, Psychologie und Alltagssprache.
Im Zusammenhang mit Bewusstsein kann man grob zwischen zwei Bedeutungskomponenten des Begriffs „Geist" unterscheiden:
Bezogen auf die allgemeinsprachlich „geistig" genannten kognitiven Fähigkeiten des Menschen bezeichnet „Geist" das Wahrnehmen und Lernen ebenso wie das Erinnern und Vorstellen sowie Phantasieren und sämtliche Formen des Denkens wie Überlegen, Auswählen, Entscheiden, Beabsichtigen und Planen, Strategien verfolgen, Vorher- oder Voraussehen, Einschätzen, Gewichten, Bewerten, Kontrollieren, Beobachten und Überwachen, die dabei nötige Wachsamkeit und Achtsamkeit sowie Konzentration aller Grade bis hin zu hypnotischen und sonstigen tranceartigen Zuständen auf der einen und solchen von Überwachheit und höchster Geistesgegenwärtigkeit auf der anderen Seite.
Mit religiösen Vorstellungen von einer Seele bis hin zu Jenseitserwartungen verknüpft, umfasst „Geist" die oft als spirituell bezeichneten Annahmen einer nicht an den leiblichen Körper gebundenen, nur auf ihn einwirkenden reinen oder absoluten, transpersonalen oder gar transzendenten Geistigkeit, die als von Gott geschaffen oder ihm gleich oder wesensgleich, wenn nicht sogar mit ihm identisch gedacht wird. Heiliger Geist wird in der christlichen Vorstellungswelt dagegen der „Geist Gottes" genannt, der als Person der göttlichen Dreieinigkeit verstanden wird.
Die Frage nach der „Natur" des Geistes ist somit ein zentrales Thema der Metaphysik.
In der Tradition des deutschen Idealismus bezieht sich der Begriff hingegen auf überindividuelle Strukturen. In diesem Sinne ist etwa

die hegelsche Philosophie zu verstehen, aber auch Wilhelm Diltheys Konzeption der Geisteswissenschaften.

Die verschiedenen Bedeutungen des Begriffs

- Bei der Gegenüberstellung von »Körper und Geist« bedeutet Geist Bewusstsein.
- Den Geist als inneres Prinzip des Menschen anzusehen, der die äußere bzw. materielle Welt (zu der in dem hier gebrauchten Sinne auch der eigene Körper gehört) emotional und rational wahrnimmt und handelnd verändert, bedeutet, den Geist als aktives Bewusstsein anzusehen.
- Bei der Gegenüberstellung von »Geist und Seele« bedeutet Geist Intellekt, Vernunft und Verstand, Seele dagegen Gefühl.
- Die Begriffe Geist und Seele werden aber auch synonym verwendet.
- In diesem Sinne bedeutet Geist auch die Person als intellektuelles Wesen. (»Er verkehrte mit den berühmtesten Geistern seiner Zeit.« [1])
- Geist kann bedeuten Sinn, Bedeutung.
- Geist im Sinne von Gespenst. (Geisterglauben, Spiritismus, Aberglauben.)
- Geist kann Gott bedeuten. (Heiliger Geist.) Unterschieden wird geistliches und weltliches. Geistliches bezieht sich auf eine (angenommene) ideelle Welt, weltliches auf die materielle Welt.

Die Herkunft des Geistes und seine Bedeutung im Sein, bzw. in der Welt ist eines der zentralen Probleme der abendländischen Philosophie.

Zitate zu Geist

Aristoteles: »Der Geist ist der Gott in uns.«

Bhagavad Gita: »Wer weise ist im Herzen, der trauert nicht um die Lebendigen noch um die Toten. Alles, was lebt, lebt ewig. Nur das

Gehäuse, das Zerbrechliche vergeht. Der Geist ist ohne Ende, ewig ohne Tod.«

Giordano Bruno: »Wenn also Geist, Seele und Leben sich in allen Dingen vorfindet und in gewissen Abstufungen die ganze Materie erfüllt, so ist der Geist offenbar die wahre Wirklichkeit und die wahre Form aller Dinge.«

Hans-Peter Dürr: »Primär existiert nur Zusammenhang, das Verbindende ohne materielle Grundlage. Wir könnten es auch Geist nennen. Etwas, was wir nur spontan erleben und nicht greifen können. Materie und Energie treten erst sekundär in Erscheinung – gewissermaßen als geronnener, erstarrter Geist.«

Erasmus von Rotterdam: »Der Körper kann ohne den Geist nicht bestehen, aber der Geist bedarf nicht des Körpers.«

Hegel: »Das Geistige allein ist das Wirkliche.« »Das Denken macht die Seele, mit der auch das Tier begabt ist, erst zum Geiste.« »Geschichte ist nur das, was in der Entwicklung des Geistes eine wesentliche Epoche ausmacht.«

Arthur Schnitzler: »Wer Materie sagt, sagt Geist, ob er es will oder nicht. Denn sie wäre überhaupt nicht vorstellbar ohne Geist. Und wer Geist sagt, sagt Materie, denn ohne Materie könnte er es nicht sagen, nicht einmal denken.«

Der universelle göttliche Geist

Der Ursprung: Natürlich gibt es keinen Ursprung der universellen Seele, genau so wenig wie es einen Ursprung des universellen Geistes gibt. Doch sollte man verstehen, dass am "Anfang" Geist und Seele eine EINHEIT bildeten. Dieses EINE war immer da, und wird auch ewig existieren – SEIN. Dieses Eine wird im Allgemeinen als Gott bezeichnet, auch Logos, Allmacht, oder universelles Gesetz.

Der menschliche Geist – ein besonderes Privileg!

1. Geist und Materie

Die Materie stand bei den bisherigen Ausführungen im Vordergrund. Für den Menschen ist sie greifbar. Sie ist gegenständlich und erkennbar. Über sie gibt es relativ viel Erkenntnis. Aber woher kommt diese Fähigkeit zur Erkenntnis beim Menschen?

Der Geist, unser Geist, weist uns den Weg. Er ist unser Wegweiser, unser Kompass. Er ist die größte Gabe, die der Mensch aus der Schöpfung heraus von seinem Schöpfer erhalten hat.

Wenn dieser Mensch nun über sich und die Welt nachdenkt, kommt er zur Selbsterkenntnis und zu der Erkenntnis über die Beschaffenheit, der ihn umgebenden Materie.
Aber ist diese Materie nur Wirkung? Wo es Wirkung gibt, muss es auch eine Ursache geben. Diese Ursache ist der Geist. Seinen eigenen Geist kann er zuordnen. Er erahnt jedoch auch, dass der ganzen Schöpfung ein geistiges Prinzip zugrunde liegen muss. Geist ist immer schöpferisch. Er muss also vor der Materie dagewesen sein. Auf ihm beruht das ganze Universum. Es ist deshalb auch nicht vermessen festzustellen, dass der Geist schon vor dem Urknall, der Entstehung der Materie, da war. Deshalb ist die Feststellung, dass das Universum erst mit dem Urknall entstanden ist, nur eine relative Wahrheit und ist rein auf die Materie bezogen.

Das Auslösende, nämlich das geistige Prinzip, hat vorher, zu allen Zeiten bestanden. Es ist ein ewiges Prinzip. Durch die Schöpfung hat der Mensch seinen Geist erhalten, mit dem er sich und die Welt Denken und Erkennen kann. Aber ist dieser Geist nun der Materie zugehörend, ist sein Hirn nun der Träger dieses Geistes? Oder ist er zugleich ein Teil des Allgeistes, auch losgelöst von der körperlichen Verbundenheit? Ist er über den Geist mit seinem Schöpfer verbunden? Diese Fragen bewegen den suchenden Menschen.

Kann man den Geist aus der wissenschaftlichen Beschreibung ausklammern?
Liegt der Evolution des Lebendigen nicht ein geistiges Prinzip zugrunde?
Was ist der Geist aus der Sicht der Naturwissenschaft? Wer bin ich? Was ist das, was ich meinen Geist nenne? In jeder Zelle meines Körpers manifestiert sich eine geheimnisvolle Intelligenz, die seit dem Augenblick meiner Zeugung alle Aktivitäten meines Körpers, dieser unbegreiflich wundersamen Organisation, steuert und koordiniert.

Reichen die Wurzeln meines Geistes nicht in eine Vergangenheit zurück, die mindestens so alt ist, wie das Universum selbst. Wird nach meinem körperlichen Tod mein Ich, meine Persönlichkeit, das, was in mir denkt, sich in Nichts auflösen, oder wird es bis zum Ende der Zeiten am Abenteuer der materiellen und geistigen Evolution des Universums teilhaben?

2. Die Suche nach dem Geist in und außerhalb des Menschen

Die Materie galt bei vielen Forschern als leblos. Am Anfang war die Materie, ist häufig ihr Glaubensbekenntnis. Der Geist wurde bestenfalls als ein Produkt der Materie, ohne unabhängige Eigenexistenz, angesehen.
Andere machten sich jedoch auf den Weg, den Geist, der sich hinter der Materie verbirgt, zu entdecken.
Die Gnosis, ein philosophisches System im alten Griechenland, 1. Jahrhundert nach Christus, war schon auf der Spurensuche nach dem Geist der Materie. Ihre Philosophie beruhte vor allem auf dem

Postulat von besonderen Wesen, die als Träger des Geistes die Materie bestimmen, und die sie „Äonen“ nannten.
Diese Idee wurde von den sogenannten Neugnostikern, eine Bewegung, die im vorigen Jahrhundert in den USA entstanden ist, aufgegriffen und weiterentwickelt. Sie sind der Auffassung, dass das, was wir als Geist bezeichnen, mit allen Phänomenen des Universums, gleichgültig ob physischer oder psychischer Natur, untrennbar verbunden ist. Überall im gesamten Universum, stellen wir die Existenz einer fundamentalen Größe fest, die imstande ist, einen Gedanken im Raum entstehen zu lassen, etwa so, wie ein Elektron ein elektrisches Feld entstehen lässt. Der Gedanke ist folglich allgegenwärtig – in Stein, Pflanze oder Tier nicht minder als im Menschen, und er ist es auch, der durch jede Regung eines lebenden Organismus hindurchschimmert, sogar wenn dieser, wie die einfachsten Bakterien, nur aus einer einzigen Zelle besteht.

Auch große Naturwissenschaftler wie Newton vertraten lebenslänglich die Ansicht, die immerwährende Präsenz des Geistes, von Gott ausgehend, sei die notwendige Voraussetzung für das Bestehen des Universums. Im Geist, dem Licht, sah Newton die Manifestation von Gottes Einfluss auf die Natur. „Diese Natur“, schreibt er“ bewegt sich unaufhaltsam auf ihr Endziel zu, wo sie zum Stillstand kommt, denn vom Ursprung der Welt wird sie vorbestimmt, sich im Lauf ihrer Existenz zu verbessern, um schließlich einen Endzustand vollkommener Ruhe und Unveränderlichkeit zu erreichen, auf den sie daher mit allen Kräften zustrebt“. Auch Newton war deshalb von einer Evolution des Universums überzeugt, dem “Pfeil“ der Zeit.

So wie Albert Einstein in der materiellen Welt den Raum-Zeit–Begriff relativiert hat, so scheint jetzt die Zeit gekommen zu sein, dies eben auch für den geistigen Bereich nachzuvollziehen. Es gilt zu einem Stadium der Erkenntnis vorzustoßen, in dem der physikalische und der geistige Aspekt nicht mehr länger getrennt voneinander betrachtet werden müssen. Dass die Raum-Zeit des Geistes den Physiker bisher entgangen ist, liegt vermutlich daran, dass man sie erst im Innern gewisser winzigen Elementarteilchen der Materie entdeckte.

Ihrer physikalischen Definition nach sind die geisttragenden Partikel stabil, ihre Lebenszeit ist also identisch mit der des Universums. Dieser Umstand ist von größter Bedeutung. Wenn diese Teilchen nämlich einerseits einen Raum einschließen, dessen Informationsgehalt niemals verloren gehen kann und anderseits die Lebenszeit dieser Teilchen so gut wie „ewig“ ist, so führt uns das zu dem Schluss, dass alle Informationen, die wir im Zuge eines Menschenlebens in jene Partikel investiert haben, aus denen unser irdischer Körper zusammengesetzt ist, über unseren körperlichen Tod hinaus, also in alle Ewigkeit weiterbestehen werden. Wenn man sich darauf einigen kann, Gott als ein Prinzip der Ewigkeit zu bezeichnen, so erlaubt uns das eben Gesagte zu folgern, dass Gott, der als geistiges Wesen der Ewigkeit angehört, „existiert“, und dass jeder von uns mit Gott verbunden ist.

3. Der Geist in uns

Es wird in der Wissenschaft überwiegend die Meinung vertreten, dass das Phänomen, das wir unsere Person oder unseren Geist nennen, sei auf Milliarden von Teilchen, aus denen sich unser Körper zusammensetzt, aufgeteilt, „verstreut“. Diese Interpretation ist jedoch unlogisch und wenig plausibel. Es scheint vielmehr so zu sein, dass jedes der Teilchen, die unseren Körper bilden, für sich allein schon die Gesamtheit jener Information besitzt, deren Inhalt alle Merkmale „unseres“ Geistes, unserer Persönlichkeit, unseres

„Ichs“ – oder wie immer wir es nennen wollen – bestimmt. Auf der Ebene des Geistes finden wir somit das genau wieder, was die Biologen auf experimentellem Weg für die genetische Information beweisen konnten.
Bekanntlich enthält jede Körperzelle eines Organismus die gleichen Chromosomen, egal, an welcher Stelle des Körpers sie sich befindet. Für die moderne Biologie scheint es unbezweifelbar festzustehen, dass diese Chromosomen den größten Teil jener Information enthalten, die sich in der Konstitution und im Verhalten lebender und denkender Wesen manifestiert.
Jedes einzelne Partikel, aus denen die Elementarteilchen bestehen, wäre demnach Träger der Gesamtinformation des betreffenden Individuums.
Dies bedeutet schlechthin die Niederlage des Todes. Wenn wir unserem „Ich“ den Stellenwert einräumen, der ihm gemäß der neuesten Erfahrung der Teilchenphysik zu steht, so gibt es für uns keinen richtigen Tod mehr. Auf der Ebene des Geistes leben wir das Leben des Universums selbst mit.

Die Naturwissenschaften haben zu diesen Fragen in der Vergangenheit nicht sehr viel beigetragen. Der Bereich des Geistes war weitgehend eine Domäne der Philosophie. Mit den Erkenntnissen der Quantenelektrodynamik, der Hirnforschung, der Informationswissenschaften und der Computerwissenschaften nähern sich inzwischen auch die Naturwissenschaften verstärkt den Fragen der Philosophie des Geistes.

Unter einem Geist stellt man sich etwas Aktives oder Lebendes vor, was existiert, aber mit unseren Sinnen nicht wahrnehmbar ist. Diese Vorstellung trifft auch auf unseren menschlichen Geist zu, der in unserem Kopf arbeitet. Von ihm wissen wir, dass er in uns existiert und

aktiv ist, weil wir mit ihm denken, planen und träumen können. Aber wir können ihn nicht wahrnehmen. Wir hören ihn in unserem Inneren, wenn wir denken. Und wenn wir träumen, lässt er uns Ereignisse in Bild und Ton wie in einem Film ablaufen. Ihn brauchen wir beim Sprechen und bei der Ausführung bewusster Aktionen unseres Körpers.
Der Geist des Menschen stellte schon immer eines der größten Rätsel der Menschheit dar, weil er als unser ganz persönliches Ich in unserem persönlichen Ich denkt und als unsichtbarer Akteur für unsere Handlungen verantwortlich ist.

Der Philosoph Descartes hatte die Zwei-Substanzen-Lehre aufgestellt.
Diese wurde von den Philosophen Spinoza (1632-1677) und Leibniz (1646-1716) kritisiert. Nach ihnen sind Geist und Materie zwar verschiedene Dinge, aber nicht strikt getrennt. Dies bedeutet in der Konsequenz, dass die gesamte Welt zugleich geistig und körperlich ist. Nach Leibniz sind auch die kleinsten Teile der Welt, die wir heute als Atome usw. bezeichnen, beseelt und wahrnehmungsfähig und stellen so etwas wie elementare Lebewesen dar, die er als Monaden bezeichnete.

Steuerungselemente durchs Leben: Bewusstsein-Unterbewusstsein und Überbewusstsein/Gedanken/Geistige Gesetze

Aber wie ist es mit diesem zeitlichen Geist, der uns die Teilhabe am Leben, als denkendes Wesen, durch die ständige Gehirntätigkeit erst ermöglicht. Er scheint der Eingangsbereich für die verschiedenen Stockwerke für unser irdisches Haus, zu sein. Ist es eventuell so, dass er uns durch das Leben steuert?

Bewusstsein-Unterbewusstsein-Überbewusstsein
Sie gehören zur Innenwelt. Innenwelt ist alles, das wir mit geschlossenen Augen wahrnehmen- Gedanken, Gefühle, Vorstellungen. In der Innenwelt gibt es 3 Bewusstseinsebenen- Unterbewusstsein, Bewusstsein, Überbewusstsein. Alle Probleme haben ihren Ursprung in der Innenwelt.

Das Außen ist nur eine Antwort auf Aktivität im Innen. Das Außen entsteht, weil kleinste Teilchen (Gottesteilchen) auf Schwingungen unseres Denkens und unserer Seele reagieren.

Unterbewusstsein, Bewusstsein, Überbewusstsein gehören zu jedem Menschen. Jeder hat Zugang. In den inneren Reisen nutzen wir diesen Zugang, um Probleme zu lösen und eine neue physische Realitäten zu erschaffen.

Die Welt der Gefühle
Bei der Suche nach Gott kann ein wichtiger Aspekt unseres menschlichen Lebens nicht außer Acht bleiben: Es sind die Gefühle.
Wissenschaftliche Beobachtungen zeigen, dass sie zum Leben gehören. Nicht nur im Menschen, auch in der Pflanzen und Tierwelt sind sie verankert. Mit zahlreichen Experimenten wurde dies belegt. Was sind Emotionen? Eine eindeutige und allgemeine Definition gibt es bisher nicht.
Auch ihren Sitz im menschlichen Körper kennen wir noch nicht. Vermutlich sind sie mit dem menschlichen Geist verbunden. Experimente, Mitte des 20. Jahrhunderts, brachten interessante Ergebnisse. Zum Beispiel wurde einem Hahn, eine Elektrode ins Gehirn eingepflanzt. Mittels elektrischer Reize wurden unterschiedliche Gehirnareale stimuliert, die entsprechende Reaktionen hervorriefen wie Aggression und Kampfbereitschaft, Angst, Hunger oder Durst.

Emotionen sind ein grundlegender Bestandteil unseres menschlichen Wesens. Ohne sie wäre das Leben oft sehr viel komplizierter. Sie dominieren unseren Alltag, denn wir bewerten meist unbewusst jede Situation mit Hilfe unserer Gefühle. Gleichzeitig erleichtern sie die Kommunikation mit anderen Menschen.
Jedes Gefühl geht immer mit einer körperlichen Reaktion einher. Je intensiver die Gefühlsregung ist, umso deutlicher reagieren wir. Wir können lächeln oder lachen. Wir können sogar so lachen, dass uns die Tränen kommen. Wir weinen vor Freude, aus Rührung oder weil wir traurig sind. Und natürlich können wir an diesen körperlichen Reaktionen auch erkennen, wie es anderen Menschen geht.
Dieses Zusammenspiel zwischen unseren Gedanken, Emotionen und unserem Körper ist untrennbar miteinander verbunden. Wissenschaftler sprechen von den somatischen Markern. Sie lassen sich auch in Laborversuchen messen. Den Versuchspersonen werden unterschiedliche Bilder gezeigt. Dabei zeichnen Sensoren im Gesicht die Muskelreaktion auf. Jedes Mal, wenn die Probanden emotional stark aufgeladene Bilder sehen, reagiert ein Muskel oberhalb der Augenbraue. Das gleiche geschieht, wenn unangenehme Gedanken aufgerufen werden. Bei neutralen Bildern oder positiven Gedanken dagegen bleibt dieses Muskelspiel aus.
Diese Verkörperung von Gefühlen erleben wir ständig. Oft werden sie uns aber nur dann wirklich bewusst, wenn sie stark ausgeprägt sind.
Die Liebe z.B. meldet sich mit Herzklopfen und Schmetterlingen im Bauch. Sie gilt auch als das höchste der Gefühle. Sie scheint göttlichen Ursprungs zu sein. Wie heißt es so schön in einem gefühlvollen Lied: Es sang die Nachtigall ihr Lied wohl in die Nacht, Liebe ja Liebe, ist eine Himmelsmacht.
Auch in der Religion hat die Liebe einen besonderen Platz. Die Bibel setzte sie sogar mit Gott gleich: „Gott ist die Liebe; und wer in der

Liebe bleibt, der bleibt in Gott und Gott in ihm", Johannes 4, 16. Damit wird deutlich, dass Liebe ein Geschenk Gottes ist und dass er diese Eigenschaft mit in seine Schöpfung hinein gegeben hat. Liebe hat ihren Ursprung in Gott. Damit hat sie auch ewige Gültigkeit. Sie kann nicht erst aus der Materie hervorgegangen sein.
Auch Gefühle, wie die Liebe, sind ein Beweis für einen Schöpfer. Der Mensch, als Gottes Geschöpf, kann zwischenzeitlich zwar sehr leistungsfähige Roboter bauen, aber Gefühle in diese hineinlegen, das kann er nicht. Eine Welt ohne Gefühle, wäre sehr arm. Gefühle sind daher auch eine Offenbarung Gottes.

Bewusstsein

Das, was wir unter Bewusstsein verstehen, gibt uns immer noch große Rätsel auf.
Viele Wissenschaftler sind davon überzeugt, dass unser Bewusstsein seinen Ursprung nicht im Gehirn hat – und damit auch nicht seinen Sitz. Aber wenn nicht im Gehirn: Wo sitzt unsere Seele, wo unser Bewusstsein?
Wenn es aber kein Organ ist, das Bewusstsein erzeugt, ist es dann nicht wahrscheinlich, dass es auch losgelöst von unserem Körper existieren kann? Hat unser Bewusstsein eventuell eine unabhängige Präsenz in dieser Welt? Und welche Funktion hat dann überhaupt unser Gehirn? Eine reine Hardware, um Prozesse auszuführen, während unser Bewusstsein in einer Art Cloud liegt?
Ist in unserer Aura, im feinstofflichen Körper, vielleicht der Sitz des Bewusstseins?
Der indisch –amerikanische Physiker Amit Goswami beschreibt in seinem Buch „ Das bewusste – Universum", wie er die mystische Wahrheit erkannt habe, dass alles Bewusstsein sei.
Die objektive Welt, die wie ein Uhrzeiger voranschreitet, sei eine Illusion unseres Denkens.

Das Universum sei ein bewusstes Universum, und die Welt werde vom Bewusstsein erzeugt. Das Bewusstsein sei etwas Transzendentales – außerhalb von Zeit und Raum, auf keinen Ort beschränkt, sondern alles durchdringend. Es sei die einzige Realität. Dennoch bekämen wir von ihr nur durch unsere materiellen Beobachtungsprozesse etwas zu sehen, aber allenfalls flüchtig.
Die modernen Paradoxien der Wissenschaft lassen sich lösen, wenn man annimmt, dass das Universum nicht aus Materie, sondern aus Bewusstsein besteht. Goswami will zeigen, dass die Verbindung zwischen den Erkenntnissen der modernen Wissenschaft, etwa der Quantenphysik, und den uralten spirituellen Traditionen des Ostens auf ein neues, revolutionäres Weltbild hinausläuft. Das Universum hat Sinn, Zweck und Richtung.
Die neuesten wissenschaftliche Erkenntnisse über das Weiterleben von Zellen und Genen nach dem Tod, die zahlreichen Studien von Nahtoderlebnissen, aber auch die Theorien großer Physiker wie Planck, Schrödinger oder Stapp sind Beweise und weitere Mosaiksteine dafür, dass unser Bewusstsein nicht untrennbar mit unserem Körper verbunden ist, dass wir alle eine übergeordnete Verbindung zueinander haben und dass der Tod nicht das finale Ende sein dürfte.
Zu einem ähnlichen Ergebnis kommt auch der US-amerikanische Professor Roger Nelson (78): Er hat mithilfe von Zufallsgeneratoren eine unerklärliche Verbindung zwischen allen Menschen entdeckt-, den „Welt-Geist“. Er forschte über zwei Jahrzehnte an Dingen, die wir für unerklärbar halten. Jetzt teilt Professor Roger Nelson seine größte Erkenntnis mit der Welt: „Wir Menschen sind alle durch ein Bewusstsein miteinander verbunden“. Aber was soll das bedeuten?
Unser Bewusstsein steckt demnach weder im Gehirn noch im Herzen, sondern in einem Informationsfeld um uns herum – wie in einer Daten-Cloud. “Wir beeinflussen einander und sind alle eins“, so Roger Nelson. Zwar können wir diese Verbindung nicht

wahrnehmen, aber sie ist definitiv da. „Ich bin Wissenschaftler und kein Esoteriker. Wir haben unsere Experimente sehr gründlich aufgebaut und eindeutige Ergebnisse erzielt, sagt Nelson, der das Speziallabor Mensch-Maschine-Interaktion an der US-Universität Princeton koordinierte.

Und so misst der Professor den sogenannten Welt-Geist: An verschieden Orten, auf allen Kontinenten stehen elektronische Zufallsgeneratoren. Die muss man sich vorstellen wie schnelle Münzwerfer: Ein Zufallsgenerator kennt nur die Zahlen 0 und 1 und entscheidet sich tausendfach pro Sekunde dazwischen. Normalerweise kommen beide Zahlen statistisch gleich oft vor. Weichen die Ergebnisse davon ab – und zwar gleichzeitig bei mehreren Zufallszahlengeneratoren ist das extrem Ungewöhnlich. Genau das passiert während globaler Großereignisse, die mit starken Gefühlen verbunden sind – wie beispielsweise die Anschläge vom 11. September und die Beerdigung von Prinzessin Diana. Zum Teil sogar Stunden vor dem Ereignis. „ Es gibt keinen Grund dafür, außer, dass wir Menschen auf einem unbewussten Level verbunden sind und einander beeinflussen. Mit unserer Forschung versuchen wir, diese ungewöhnlichen Ereignisse wissenschaftlich zu erklären.

Das ist noch ziemlich mysteriös und kann nicht einfach in mathematische Gleichungen gepackt werden“, sagte Professor Nelson. “Aber nur, weil wir es noch nicht erklären können, heißt das nicht, dass es nicht existiert.

Ein typisches Beispiel für diese Verbindung, das viele aus dem Alltag kennen: Man denkt an Jemand und genau in dem Moment ruft derjenige an. Besonders Menschen, die sich lieben, seien miteinander verbunden. Experimente anderer Wissenschaftler in England, so schreibt Nelson, haben gezeigt: Wenn Paare weit voneinander entfernt sind und liebevoll an den anderen denken, synchronisiert sich ihr Herzschlag.

Laut Professor Nelson können wir aber auch unsere Umwelt durch Gedankenkraft beeinflussen. Ein bisschen zumindest. „Wir haben Testpersonen gebeten, sich in einem Experiment mit Zufallsgenerator höhere und niedrigere Zahlen vorzustellen. Und tatsächlich gab es Abweichungen in die entsprechende Richtung“, sagt der Professor. Auch bei Gruppen, die beten oder meditieren, würden die Geräte erkennbar reagieren. Das Bewusstsein der Gruppe bringt laut Nelson eine auffällige Ordnung in die zufälligen Zahlenreihen: „Meditation hat, ebenso wie das Gebet, eine ungeheure Kraft und kann vieles zum Positiven verändern“.
Die heutige Wissenschaft versteht die Interaktion zwischen Gedanken und Materie noch nicht ausreichend, es mangelt vor allem an Zeit, Ressourcen und Kreativität. „Wir bewegen uns in einem Grenzgebiet der Wissenschaft, das ein gewisses Maß an Vorstellungskraft erfordert.
Ein unsichtbar großes Ganzes, das uns alle verbindet, unbewusst leitet und inspiriert – ob er da womöglich Gott gefunden hat? „Ja- abhängig davon, wer Sie sind und was Sie glauben, sagt Professor Nelson. „Manche meiner Kollegen sprechen in der Tat über das Bewusstsein, als wäre es Gott. Es ist der Anfang und das Ende. Wenn ich eine Mission hätte, dann die: Menschen dabei helfen zu erkennen, dass diese Verbindung existiert.

Frido und Christine Mann wollen Geist und Materie mithilfe der Quantentheorie vereinen.

Zeit-Online vom 27. Juni 2017
Der Enkel von Thomas Mann und die Tochter von Physiknobelpreisträger Werner Heisenberg haben ein geradezu optimistisches Buch „Es werde Licht“ geschrieben. Mit diesem Buch wollen sie die Quantenphysik, mitbegründet von Vater Heisenberg, ins Zentrum einer neuen Gesellschaftsphilosophie rücken. In das Buch sind die

Erkenntnisse, die sie durch die Begegnungen mit Werner Heisenberg gewonnen haben, eingeflossen. Sie selbst sind dadurch aber auch zu einem neuen Weltbild gekommen.

Wesentliche Aussagen sollen auszugsweise, da sie für dieses Buch von großer Bedeutung sind, hier zitiert werden:

Christine Mann: Es war im Herbst 1975, wir waren zu Besuch bei meinen Eltern in München. Da Frido und ich für eine Prüfung lernen mussten, hatten wir dort nicht viel freie Zeit.
Der Fachbereich Psychologie an der Universität Münster, wo wir damals studierten, war zum Teil stark marxistisch-leninistisch ausgerichtet, und dementsprechend ging es in der für die Prüfung relevanten Vorlesung um die Entwicklung des Lebens und der verschiedenen Arten von Lebewesen auf der Grundlage des dialektischen Materialismus sowie der Lehren Darwins.

Frido Mann: Und eines Tages schlug mein Schwiegervater uns beiden nach dem Frühstück überraschend vor, mit ihm ein wenig spazieren zu gehen. Das war ungewöhnlich, denn normalerweise fanden Spaziergänge mit der ganzen Familie statt. Doch diesmal wollte er von uns beiden wissen, was wir für die Prüfung lernen müssen. Und das berichteten wir ihm auf dem Spaziergang, indem wir die Vorlesung zusammenfassten: Alle Entwicklungen seien durch die biologische Anpassung an die Umgebung und Selektion der am besten angepassten Wesen entstanden. Und alles sei eben allein aus der Materie und den auf der Erde gegebenen Bedingungen erklärbar.

Christine Mann: Mein Vater meinte daraufhin, die Darstellung, wie das Leben sich entwickelt habe, entspreche ganz und gar dem, wie auch er das sehe. Doch die Schlussfolgerungen, die er ziehe, seien komplett das Gegenteil von dem, was wir da lernen würden. Die Grundlage für jede Entwicklung unserer Welt sei eben nicht das Materielle, sondern das Geistige. Denn Materie bestehe eben nicht aus kleinen Materiekrümelchen, sondern aus mathematischen Strukturen und diese würden dem Bereich des Geistes angehören.

Frido Mann: Ja, diese Szene haben wir nie wieder vergessen. Gesundheitlich ging es ihm damals schon nicht mehr gut, er konnte nicht weit laufen, aber als er das erzählte, leuchteten seine Augen. Als er sagte: Wenn man in den subatomaren Bereich blickt, so entdeckt man, dass unsere Welt aus geistigen Strukturen von unglaublicher Schönheit besteht. Und er zitierte Platon mit begeisterter Zustimmung: Unsere Welt sei eine geistige, und wir könnten nur einen Schatten davon wirklich wahrnehmen.

Christine Mann:
Die Griechen dachten, die Atome sind nicht teilbar. Das war lange die feste Überzeugung. Doch dann, Anfang des vorigen Jahrhunderts, stellte man fest: Atome sind teilbar.
Und zwar bestehen sie aus einzelnen Elementarteilchen. Und dann stellte man überraschenderweise fest, dass je nach Versuch, je nach Blick des Beobachters, das Elementarteilchen ein Teilchen oder Welle ist. Und man kann Elementarteilchen nicht direkt beobachten, sondern allenfalls ihre Wirkungen. Und: Rein mathematisch ist es egal, ob man von der Teilchenvorstellung oder der Wellenvorstellung ausgeht, man kommt zu den gleichen mathematischen Strukturen. Man kann auch nicht den Ort bestimmen, wie sich das Teilchen bewegt, also auch nicht, welche Geschwindigkeit es hat. Das nennt man die Unbestimmtheitsrelation. Und von einem Ort aus hat ein Elementarteilchen viele Möglichkeiten, wie es sich weiterentwickelt. Eine Möglichkeit realisiert sich, die anderen nicht. Das lässt

sich nicht vorhersagen. Die Quantenphysik ist also die Wissenschaft der Möglichkeiten. Vielleicht gehört auch der Zufall dazu. Wenn mein Vater von der Entwicklung der Quantenmechanik erzählte, hat er schon mal gesagt: Da habe ich dem lieben Gott ein klein bisschen über die Schulter geschaut.

Ich glaube ganz sicher, dass man durch die Quantenphysik eine Ahnung von der Grundlage der Welt bekommt. Nur ist diese Welt nicht einfach: Die Vorstellung, dass alles völlig determiniert verläuft und man die Zukunft voraussagen könnte, wenn man den jetzigen Zustand der Welt genau kennen würde, ist falsch. Denn einerseits kann man wegen der Unbestimmtheitsrelation den Zustand nie genau wissen, und andererseits spielt auch der Zufall eine wichtige Rolle. Ähnlich verhält es sich auch mit unserem Denken. Es ist häufig ebenso kurzlebig, ambivalent, kreativ und voller Möglichkeiten wie die Elementarteilchen.

Frido Mann: Die Botschaft lautet: Leben ist Austausch, ständige Veränderung. Stillstand ist der Tod.

Christine Mann: Elementarteilchen bilden die Materie, indem sie nach bestimmten Regeln in den Atomen zusammenwirken. Diese Regeln werden von Wissenschaftlern in mathematischer Form dargestellt. Die Regeln sind also eine Grundform des Geistigen. Materie wird also aus Energie und Geistigem gebildet. Von der Quantenphysik weiß man außerdem: Sobald Atome und Elementarteilchen miteinander in eine enge Beziehung treten, bilden sie eine neue Ganzheit, in der sie gewissermaßen aufgehen, sodass sie nicht mehr in ihrer bisherigen Form existieren. Die Quantenphysik lehrt uns, dass jeder Beobachter Teil der Wirklichkeit ist, die er beobachtet. Je nach Versuchsanordnung zeigen sich die Elementarteilchen anders. Wir sind nicht die unbeteiligten Beobachter, die die objektive

Wirklichkeit erkennen, sondern unser Denken, unsere Fragestellung verändert die Realität.

Frido Mann: Und dies lässt den durch die Quantenphysik begründeten und damit revolutionären Schluss zu, dass nicht alles vorherbestimmt ist, sondern dass wir die Zukunft mitgestalten können – nicht nur in Versuchsanordnungen, sondern auch in der Realität.

Die Welt steckt in vielen Sackgassen, wohin man blickt. Das Klima, aber auch die Politik, lassen uns sorgenvoll in die Zukunft blicken. Es bedarf einer Wende. Die materialistische Weltsicht ist am Ende, die strikte Trennung von Geist und Materie, das beschwören der einfachen Schwarz-Weiß-Lösungen. Die Zeit ist reif für ein neues Welt- und Menschenbild.

Der Gottesbeweis

Die Frage, ob es Gott gibt, ist aus der Logik heraus eigentlich längst beantwortet. Die Antwort ist in allen großen Weltreligionen, sogar sehr deutlich in der Bibel enthalten. Auf die Frage einer Frau, wo Gott zu finden und angebetet werden soll, antwortet Jesus: „Gott ist Geist“

Damit ist eigentlich alles gesagt. Man soll Gott nicht nur im Sichtbaren suchen. Und es ist noch niemand gelungen, den Beweis anzutreten, dass es Geist nicht gibt. Geist unterliegt keiner Begrenzung. Er ist unbegrenzt in Zeit und Raum. Das gesamte Universum ist folglich der sichtbare Beweis, dass es Gott gibt.

Stephen Hawking geht den falschen Weg, wenn er das Gegenteil beweisen will.
Bereits sein Ansatz ist nicht richtig. Er begrenzt Gott, indem er einen kleinen Teil der Materie, nämlich die Schwerkraft als Schwerpunkt,

für die Entstehung des Universums als Beweis bzw. Beleg heranzieht. Naturgesetze, als die Grundlage für die gesamte Schöpfung heranzuziehen, ist ziemlich fraglich. Diese These hat jedoch überraschender Weise auch in Kreisen der Wissenschaft einen ziemlichen Widerhall gefunden. Gelegentlich wurde zwar die Frage gestellt, wo kommt die Schwerkraft her? Hat sie sich selbst geschaffen, ist sie zugefallen, oder hat sie gar einen Urgrund?

Diese These von Stephen Hawking ist jedoch kein Fundament und widerspricht auch den Gesetzen der Logik und fundamentalen Gesetzen, die in der gesamten Schöpfung enthalten sind.
Es ist als erstes die Gesetzmäßigkeit von Ursache und Wirkung zu nennen. Die Menschheit hat schon sehr früh erkannt, dass dieses Gesetz ewige Gültigkeit hat. Schon der große Hermes hat dieses Gesetz unter seinen sieben Gesetzmäßigkeiten aufgeführt.
Gott war bereits vor dem Urknall. Er ist die Ursache aller Dinge. Die Wirkung ist das Universum, die gesamte Schöpfung. Für Stehen Hawking ist die Frage, was vor dem Urknall war, aber müßig. Für ihn beginnt alles mit dem Urknall. Damit nimmt er auch eine zeitliche Begrenzung vor. Er missachtet das Gesetz, dass Geist immer vor der Materie kommt. So ist alles aufgebaut.
Dem großen Geist, Gott, verdankt die gesamte Schöpfung ihre Wirklichkeit. Das ganze Universum ist nichts anderes, als ein großer Gedanke Gottes. Mit diesem Gedanken ist der Schöpfer aus der unsichtbaren Welt auch in die sichtbare Welt getreten, ohne von sich etwas abzugeben. Er war, ist und bleibt, auch in seiner Schöpfung.
Gott ist der unfassbare und ewige Geist. Er ist in der gesamten Schöpfung allgegenwärtig. Es gibt nichts im Universum, wo Gott nicht ist. Damit ist auch klar, dass Gott auch in der Materie jeglicher Art sein muss. Materie und Geist sind nicht getrennt. Namhafte Wissenschaftler vertreten schon lange die Meinung, dass der Geist in der Materie ist.

Für sie ist auch die Welt der Materie nicht etwas absolut Festes. Ob Atome, Wellen oder Teilchen, ob Mikrokosmos oder Makrokosmos, alles ist großartig und von großer Weisheit, höchster Intelligenz und miteinander verbunden.

Vermutlich gibt es auch ein universelles Bewusstsein. Dieses durchdringt mit großer Wahrscheinlichkeit die gesamte Schöpfung.
Es ist deutlich erkennbar, dass der Schwerpunkt der Schöpfung im geistigen Bereich liegt. Die Materie ist der Bereich des Sichtbaren. Der Geist ist das Unsichtbare, Unvergängliche. Er ist ein Teil der Ewigkeit.
Dieser Geist ist auch im Menschen. Er ist deshalb auch ein Teil der Ewigkeit. Gott hat auch, wie ausgeführt, die Gefühle in die Schöpfung hineingelegt.
Damit hat er ihm auch eine Richtschnur für dieses Leben gegeben: „Gott ist die Liebe und wer in der Liebe bleibt, der bleibt in Gott und Gott in ihm".
Wir hätten eine ganz kalte, arme Welt, wenn es Gott nicht gäbe.
Eine höhere moralische Instanz, ist in dieser Welt eine Notwendigkeit. Und weil wir ihn so denken können, auch deshalb ist Gott erkennbar.

Kritische Feststellungen zu Stephen Hawkings Theorie – Gibt es einen Gott?

Der Urknall ist für Stephen Hawking der Beginn von allem. Diese Ansicht wird von vielen Wissenschaftlern geteilt. Die weiteren Folgerungen von ihm, bezüglich des weiteren Verlaufs der Schöpfung, sind jedoch eine Besonderheit. Hier wird er unwissenschaftlich.
Nämlich, dass überwiegend aus den Naturgesetzen, die ja eine Folge des Urknalls sind, andere weitere wesentliche Entwicklungen abgeleitet werden können. Er macht damit universelle Gesetze, die

jedoch nur selbst in Folge des Urknalls angeblich aus dem Nichts entstanden sind, letztlich mit zum Schöpfer. Er gleitet weitgehend ab, in die Welt der Materie. Er gibt der Materie den höheren Stellenwert. Materie ohne Geist ist jedoch tot. Leben in all seiner Komplexität, so das Gegenargument, die mathematischen Gesetze, die es im gesamten Universum gibt, können doch nicht einfach mechanisch entstanden sein, es müsse eine Lebenskraft, ein Geist, eine Beseelung dahinter stecken.

Ist nicht bereits der Ansatz seiner Theorie falsch? Auch für den Schöpfungsakt, den Urknall, gilt das universelle Gesetz von Ursache und Wirkung. Am Anfang war der Ur-Geist oder All-Geist bzw. Gott der Schöpfer aller Dinge. Dieser ist mit dem Urknall in die Welt der Materie getreten ohne dadurch an Substanz im geistigen Bereich etwas einzubüßen.

Seinen Urgrund als das ewig Seiende hat er damit nicht aufgegeben. Er hat sich damit nicht geteilt. Es gibt diesbezüglich keinen Dualismus. Er ist weiterhin reiner Geist, aber auch in aller sichtbaren und für uns unsichtbaren Materie beinhaltet. Der Geist ist in der Materie. Damit ist auch der Aufbau der Welt klar: Der Geist kann von der Materie nicht getrennt werden. Alles ist Einheit: im Mikrokosmos und im Makrokosmos. Alles andere ist Illusion. Alles, vom Elementarteilchen bis zu den gesamten Galaxien des Universums, ist vom Geist durchdrungen. Der universelle Geist ist überall. Seine Größe und Möglichkeiten, das Umfassende und das Durchdringende, die höchste Intelligenz, können wir Menschen nur erahnen. Der göttliche Geist unterliegt keiner Begrenzung, weder in Zeit noch Raum.

Alles in Existenz ist Ausdruck eines großen Geistes, eines übergreifenden, alles durchdringenden Bewusstseins, das erstens sämtlichen existierenden Zuständen Form verleiht, zweitens unseren Urgrund darstellt und drittens hauptverantwortlich für unser Dasein ist. Der gesamte Kosmos bildet deshalb nur die Einheit des Geistes ab.

Formen, Wesen, all dies sind nur Ausdrucksformen, desselben Geistes. Dieser Geist, der sich in der Materie in sichtbarer Weise ausdrückt, ist ein schaffender, ein verändernder Geist. Über das Bewusstsein hat er auch z.B. den Menschen in die Schöpfung mit einbezogen und lässt ihn selbst in diese einwirken, indem er dem Menschen schöpferische Fähigkeiten und Freiheiten mitgegeben hat. Dies darf der Mensch ohne weiteres als ein großes Geschenk durch seinen Schöpfer betrachten. Er ist in den Entwicklungsprozess für alle Zeiten mit einbezogen. Hier gilt der Energieerhaltungsgrundsatz. Energie kann nicht verloren, nur umgewandelt werden.
Tod, wo ist dein Stachel? Stephen Hawkings Argumentation ist wie ein Rückfall in den dialektischen Materialismus. Sie hält auch den Gesetzen der Logik und der Wahrscheinlichkeiten nicht stand.

Ein Gesetz der Logik: Alles auf dieser Erde hat Geist als Ursprung
und Urgrund Gott ist Geist und Geist ist Gott Geist ist bewiesen,
also ist auch Gott bewiesen.

Auch was die Wahrscheinlichkeit angeht, haben die Atheisten schlechte Karten. Ein Argument, das aus der Mathematik kommt, besagt, dass es extrem unwahrscheinlich ist, dass unsere Welt überhaupt entstanden ist. Denn dafür mussten beim Urknall eine Temperatur von exakt 10^{32} Kelvin und eine Dichte von $10^{'94}$ g/cm3 herrschen. Die Theorie besagt, dass das kein Zufall sein kann. Da müsse einfach ein Schöpfer dahinterstecken. Diese erste, unverursachte Wirkursache wird Gott genannt. Gott selbst ist die Ursache seines Seins; er ist das Sein selbst in seiner ganzen Fülle.

Auch die Wissenschaft hat zwischenzeitlich neue Erkenntnisse. Die Entdeckungen der Quantenphysik haben das mechanische, materiell geprägte Weltbild erweitert und uns eine andere Sicht auf die Welt gegeben. Der Physiker Hans-Peter Dürr formulierte seine Einsicht provokativ: „ Die Materie ist die Kruste des Geistes“, analog gesagt,

alles ist aus Geist aufgebaut. Wirklichkeit ist Geist, und Geist ist Gott. Materie ist nur eine greifbare Ausdrucksform.
Dies deckt sich in vollem Umfang mit der Aussage von Max Planck. Diese sei hiermit als Beweis und Erkenntnis eines der größten Physiker nochmals erwähnt. Er sagt über Naturwissenschaft und „höhere Macht“: „Und so sage ich nach meinen Erforschungen des Atoms dieses: Es gibt keine Materie an sich. Alle Materie entsteht und besteht nur durch eine Kraft, welche die Atomteilchen in Schwingung bringt und sie zum winzigsten Sonnensystem des Alls zusammenhält. Da es im ganzen Weltall aber weder eine intelligente Kraft noch eine ewige Kraft gibt, (…) so müssen wir hinter dieser Kraft einen bewussten intelligenten Geist annehmen. Dieser Geist ist der Urgrund aller Materie. Nicht die sichtbare, aber vergängliche Materie ist das Reale , Wahre, Wirkliche – denn die Materie bestünde ohne den Geist überhaupt nicht-, sondern der unsichtbare, unsterbliche Geist ist das Wahre“!

Auch das Gespräch zwischen dem Physiker Werner Heisenberg mit seiner Tochter Christine Mann und seinem Schwiegersohn Frido Mann im Herbst 1975 sei erneut, als Beweis für die alleinige Herrschaft des Geistes über unser Weltall, erwähnt.
Als Christine und Frido Mann ihm auf einem Spaziergang in München geschildert hatten, was ihnen an der Universität in Münster gelehrt wurde, nämlich dass alle Entwicklungen durch biologische Anpassung an die Umgebung und Selektion der am besten angepassten Wesen entstanden. Und alles sei eben allein aus der Materie und den auf der Erde gegebenen Bedingungen erklärbar.
Werner Heisenberg, der Mitbegründer der Quantenphysik, erwiderte darauf: „ Die Darstellung, wie das Leben sich entwickelt habe, entspreche ganz und gar dem, wie auch er es sehe. Doch die Schlussfolgerungen, die er ziehe, seien komplett das Gegenteil von dem,

was gelehrt würde. Die Grundlage für jede Entwicklung unserer Welt sei eben nicht das Materielle, sondern das Geistige. Denn die Materie bestehe eben nicht aus kleinen Materiekrümelchen, sondern aus mathematischen Strukturen. Wenn man in den subatomaren Bereich blickt, so entdeckt man, dass unsere Welt aus geistigen Strukturen von unglaublicher Schönheit besteht. Und er zitierte Platon mit begeisterter Zustimmung: Unsere Welt sei eine geistige, und wir könnten nur einen Schatten davon wirklich wahrnehmen". Werner Heisenberg fordert also die Einbeziehung des Geistigen: „Man kann keine Physik machen ohne den Geist", sonst kommen wir zu einem Weltbild, das mit unseren heutigen Erkenntnissen, dass der Geist, der Ursprung alles Seins ist, nichts mehr zu tun hat. Ferner sagte er: Der erste Trunk aus dem Becher der Wissenschaft macht atheistisch, doch auf dem Grund des Bechers wartet Gott". Aus physikalischer Sicht hat alles auf dieser Welt seinen Ursprung in den Quantenwelten, diese sind Geist, damit ist auch Gott bewiesen.
Max Planck kommt zu der Konsequenz, den All-Geist, den geheimnisvollen Schöpfer ebenso zu benennen, wie ihn alle Kulturvölker der Erde früherer Jahrtausende genannt haben: „Gott".

Die Quantenwellen. Energie und Information, sind nicht nur Möglichkeitswellen, sondern auch Wahrscheinlichkeitswellen. Die Quantenwellen geben eine Struktur vor, wie sich etwas in unserer Welt manifestieren kann. Das Primäre in unserer Welt ist also Information und nicht Materie. Alles auf unserer Welt ist vorher schon als Potential in einem transzendenten, göttlichen Bereich außerhalb unserer Welt als Information angelegt und wird materiell „in Form" gebracht. Die Quantenwelten mit ihren Wahrscheinlichkeiten und ihren Gesetzmäßigkeiten können wir als göttliche Ordnung betrachten. Jede überbetonte materialistische Welterklärung ist damit sinnlos und falsch. Der Geist hat das Primat!

Unsere bekannte Welt kann wissenschaftlich nur dann widerspruchsfrei erklärt werden, wenn wir voraussetzen, dass es für die Schaffung aller materiellen und geistigen Dinge einen geheimen Urgrund gibt: die Quantenwelten. Obwohl dieser Untergrund nichtmateriell und transzendent ist, entsteht alles aus ihm – vom kleinsten Elementarteilchen über Atome, Menschen und Sterne bis zu den größten Galaxien. Dieser Gott ist über Raum und Zeit erhaben. Ihn bringt man deshalb mit den Begriffen der Allgegenwart und der Ewigkeit zum Ausdruck, d.h. Gott ist in allen Dingen und allen Orten, auch am Ort unseres eigenen Daseins. Er ist allgegenwärtig, an allen Orten gleichzeitig präsent.
Gott ist Geist. Der Geist ist der Ursprung aus dem alles hervorgegangen ist. Er ist die Substanz, aus der alle geistige Formen bestehen.
Der sogenannte „Heilige Geist“ ist also keine Person, sondern allgegenwärtige Energie, der unpersönliche Gott.
Der einzelne Mensch, kann aber durchaus den Zugang zu einem-seinem persönlichen Gott finden. Im Bereich der Wahrscheinlichkeiten ist auch dies durchaus möglich. Denn bei Gott ist wirklich nichts unmöglich. Das Gebet kann der Schlüssel hierzu sein.

Aus dem Blickwinkel der Quantenphysik haben wir auch eine sehr große Verantwortung für unsere Erde, für alle Lebewesen, die gesamte Welt. Denn durch unsere Mitwirkung bei der Umwandlung von Möglichkeiten in Tatsächlichkeiten sind wir am Schöpfungsprozess beteiligt und damit auch an Liebe, aber auch an Leid. Damit könnte auch ein Teil des Negativen in unserer Welt erklärt werden.

Hier nochmals eine logische Beweisführung für die Existenz Gottes:

Der Beweis, dass es einen All-Geist gibt, ist nun auch wissenschaftlich durch die Quantenphysik erbracht: **Gott ist Geist, also ist Geist auch Gott.**

Damit kann Geist – Gott, auch von Atheisten wohl nicht mehr bestritten werden, denn damit würden sie auch grundsätzlich die Existenz des Geistes bestreiten. Welchen Namen man allerdings dem großen Baumeister aller Welten gibt, ist vollkommen nachrangig. Dies bleibt den Bewertenden überlassen. **Wer Gott leugnet, der leugnet die Grundsubstanz des Universums: den alles beherrschenden Geist.**

Antwort auf die Frage: Gibt es einen Gott?
Es gibt Gott mit Sicherheit. Er ist bereits bewiesen. Er ist Geist. Der Glaube ist nur noch der Weg zu ihm.

Die „Pascalsche Wette"
Kein Gottesbeweis im eigentlichen Sinne, sondern eine Argumentation, warum es auch in Ermangelung von Beweisen sinnvoll sei an Gott zu glauben, ist die mit Argumenten der Kosten-Nutzen-Analyse operierende „Pascalsche Wette". Der französische Mathematiker und Philosoph Blaise Pascal (1623-1662)argumentierte, dass es besser sei an Gott zu glauben, weil man nichts verlöre, wenn er nicht existiert, aber auf der sicheren Seite sei, wenn es doch einen Gott gibt: „ Setzen Sie also ohne zu zögern darauf, dass es ihn gibt".
Selbst wenn es ihn nicht gäbe, hätte man im Leben nichts verloren, nein, man hätte in jedem Fall besser, froher, sinnvoller gelebt, als wenn man keine Hoffnung gehabt hätte.
Atheisten können sich in menschlicher Not keinem Gott anvertrauen. Für sie ist er nicht existent. Es gibt keine Materie, die die Gottesfunktion einnehmen könnte. Nicht umsonst ist der Gottesgedanke nahezu in allen Völkern, auch in den Naturvölkern, fest verankert.
Unser Universum ist sehr geordnet, nicht Chaos ist feststellbar. Der Lenker aller Welten, hält sie fest in seinen Händen. Weshalb es Gott

nicht geben soll, ist auch eine Frage der Psychologie. Will der Mensch vielleicht keine höhere Instanz, der er Rechenschaft über sein Tun geben soll?

Bei dem derzeitigen Zustand der Menschheit und unserer wunderbaren Erde, kann man sich nur wünschen, dass der Mensch keine Allmacht erlangt.

Dies hätte bestimmt Stephen Hawking, was die Zukunft der Menschheit betrifft, genauso gesehen.

Kapitel 2

WIE HAT ALLES ANGEFANGEN?

Stephen Hawking:
Hamlet sagt: „Ich könnte in eine Nussschale eingesperrt sein und mich für einen König von unermesslichen Gebieten halten, wenn nur meine bösen Träume nicht wären“. Vermutlich meint er damit, dass wir als Menschen zwar psychisch sehr eingeschränkt sind – was in meinem Fall besonders zutrifft -, dass unsere Gedanken aber das ganze Universum erforschen können und sich kühn an Orte begeben können, an die sich noch nicht einmal Star-Trek wagen würde. Ist das Universum tatsächlich unendlich oder nur sehr groß?
Hatte es einen Anfang? Wird es ewig existieren oder nur sehr lange? Wie kann unser begrenzter Verstand ein unendliches Universum begreifen? Ist es nicht anmaßend von uns, auch nur den Versuch zu machen?
Auf die Gefahr hin, das Schicksal des Prometheus zu erleiden, der das Feuer von den antiken Göttern stahl, um es der Menschheit zu schenken, bin ich davon überzeugt, dass wir versuchen können und sollten, das Universum zu verstehen. Prometheus wurde zur Strafe auf ewig an einen Felsen gekettet, dann aber glücklicherweise von Herkules befreit. Inzwischen haben wir bereits bemerkenswerte Fortschritte beim Verständnis des Kosmos erzielt. Noch haben wir kein vollständiges Bild, aber ich glaube mehr und mehr daran, dass wir nicht mehr weit davon weg sind.
Das Volk der Boschongo in Zentralafrika glaubt, am Anfang seien nur Finsternis, Wasser und der große Gott Bumba gewesen. Eines Tages erbrach Bumba unter großen Schmerzen die Sonne. Diese trocknete das Wasser aus. Land kam zum Vorschein. Immer noch unter Schmerzen erbrach Bumba den Mond, die Sterne und einige

Tiere. Die Leoparden, das Krokodil, die Schildkröte und schließlich den Menschen.
Wie viele Schöpfungsmythen versucht auch dieser Mythos, Fragen zu beantworten, die wir alle stellen: „Warum sind wir hier? Woher kommen wir“?
Im Allgemeinen antwortet man darauf, die Menschen seien vergleichsweise jungen Ursprungs, da doch offenkundig sei, dass die Menschheit fortwährend ihr Wissen und ihre Technologie verbessere, daher könne sie noch nicht sehr lange existieren, sonst wäre sie sehr viel weiter fortgeschritten. Nach Bischof Ussher datiert die Genesis, das erste Buch Mose, den Anfang der Zeit auf den Abend des 22.Oktober 4004 v.Chr., 6 Uhr.
Allerdings verändert sich eine Umgebung oder Landschaft, etwa Berge und Flüsse, im Laufe eines Menschenlebens sehr wenig. Daher glaubte man, die Gegend sei entweder ein permanenter Hintergrund und müsse deshalb seit jeher eine leere Landschaft vorhanden gewesen sein oder die Umgebung sei gleichzeitig mit den Menschen erschaffen worden. Nicht jeder konnte sich mit der Vorstellung, das Universum habe einen Anfang, anfreunden. Beispielweise war Aristoteles, der bekannteste griechische Philosoph, der festen Überzeugung, das Universum gebe es seit aller Ewigkeit.
Etwas, was ewig ist, ist vollkommener als etwas, das erschaffen wurde. Er vertrat die Ansicht, wir nähmen nur deshalb Fortschritte wahr, weil Überschwemmungen oder andere Naturkatastrophen die Zivilisation immer wieder auf null zurückgeworfen hätten. Der tiefere Beweggrund für den Glauben an ein ewiges Universum war der Wunsch, die göttliche Intervention zu vermeiden, die erforderlich gewesen wäre, um das Universum zu erschaffen und in Gang zu setzen. Umgekehrt nutzten diejenigen, die glaubten, das Universum habe einen Anfang, dies als Argument für die Existenz Gottes als erste Ursache – oder ersten Beweger – des Universums.

Wenn man glaubt, das Universum habe einen Anfang, liegt natürlich die Frage nahe: Was geschah vor dem Anfang? Was tat Gott, bevor er die Welt erschuf? Bastelte er an der Hölle für Leute, die solche Fragen stellten? Für Immanuel Kant war die Frage, ob das Universum einen Anfang habe oder nicht, von großer Bedeutung. Seiner Ansicht nach wohnten beiden logische Widersprüche oder Antinomien inne. Wenn das Universum einen Anfang hatte, warum wartete es dann unendliche Zeit, bevor es begann? Das nannte er die These. Hatte das Universum hingegen seit jeher existiert, warum brauchte es dann unendliche Zeit, um seinen gegenwärtigen Zustand zu erreichen? Das nannte er die Antithese. Sowohl die These wie die Antithese hingen von der Annahme ab, dass die Zeit absolut sei – eine Annahme, die Kant fast mit allen Menschen teilte. Mit anderen Worten, sie reichte von der unendlichen Vergangenheit bis zur unendlichen Zukunft, unabhängig von irgendeinem Universum, das existieren mochte oder nicht.

Diese Vorstellung steckt heute noch in den Köpfen vieler Wissenschaftler. Dabei hat Einstein seine revolutionäre Allgemeine Relativitätstheorie bereits 1915 veröffentlicht. Darin sind Raum und Zeit nicht mehr absolut, kein statischer Hintergrund der Ereignisse. Vielmehr sind sie dynamische Größen, die von der Materie und Energie des Universums geformt werden.

Sie sind nur innerhalb des Universums definiert, daher wäre es sinnlos, von einer Zeit zu sprechen, die vor dem Universum begann. Das wäre genauso absurd wie die Frage nach einem Punkt südlich des Südpols. Er ist nicht definiert.

Obwohl Einsteins Theorie Raum und Zeit vereinigt, sagt es wenig über den Raum selbst aus. Eine offenkundige Eigenschaft des Raumes scheint zu sein, dass er sich endlos ausdehnt. Wir erwarten nicht, dass das Universum an einer Ziegelmauer endet, obwohl es keinen logischen Grund gibt, der dagegenspricht.

Uns ermöglichen jedoch moderne Geräte wie das Hubble-Weltraumteleskop, unsere Antennen tief ins All auszustrecken. Milliarden und Aber-milliarden von Galaxien verschiedener Form und Größe sehen wir dort. Es gibt riesige elliptische Galaxien und Spiralgalaxien wie unsere Milchstraße. Jede Galaxie enthält Milliarden und Aber-milliarden von Sternen und viele von ihnen lassen sich von Planeten umkreisen. Unsere eigene Galaxie verwehrt uns den Blick in bestimmte Richtungen, doch abgesehen davon sind die Galaxien weitgehend gleichförmig im Raum verteilt, wobei sie einige lokale Konzentrationen und Leerräume aufweisen. In sehr großer Entfernung scheint die Dichte der Galaxien nachzulassen, aber sie sind einfach so weit entfernt und lichtschwach, dass wir sie nicht mehr richtig erkennen können. Soweit wir es beurteilen können, setzt sich das Universum auf immer dieselbe Weise und in alle Richtungen unverändert fort und ist fast überall gleich. Obwohl das Universum an jeder Position des Raumes weitgehend gleich zu sein scheint, hat es sich zweifellos mit der Zeit verändert. Forschern wurde dies erst zu Beginn des vergangenen Jahrhunderts klar. Bis dahin waren sie überzeugt, das Universum wäre seit unendlicher Zeit weitgehend konstant geblieben. Möglicherweise existierte es schon immer, aber das schien zu absurden Schlussfolgerungen zu führen. Denn hätten die Sterne seit Ewigkeiten gestrahlt, hätten sie das Universum auf ihre eigene Temperatur erwärmen müssen. Selbst bei Nacht wäre der ganze Himmel so hell wie die Sonne gewesen, weil jede Sichtlinie entweder auf einen Stern getroffen wäre oder auf eine Staubwolke, die auf die Temperatur der Sterne erhitzt gewesen wäre. Daher ist die Beobachtung, die Sie schon alle gemacht haben, dass nämlich der Nachthimmel dunkel ist, von gewaltiger Bedeutung. Aus ihr folgt, dass das Universum nicht seit jeher in dem Zustand existiert haben kann, in dem wir es heute sehen. Irgendetwas muss in der Vergangenheit geschehen sein, das die Sterne vor unendlicher Zeit in Gang gesetzt hat. Nur dann

hätte das Licht von sehr fernen Sternen noch die Zeit gehabt, uns zu erreichen. Das würde erklären, warum der Nachthimmel nicht in alle Richtungen erleuchtet ist.
Wenn es die Sterne schon immer gab, warum begannen sie dann erst vor einigen Milliarden Jahren zu leuchten? Welche Uhr zeigte ihnen an, dass es Zeit ist zu scheinen. Das verwirrte Philosophen wie Immanuel Kant, die glaubten, es gebe das Universum schon seit Ewigkeit. Doch die meisten Menschen fanden, es entspreche der Vorstellung, dass das Universum erst vor ein paar tausend Jahren weitgehend in der Form, die es heute besitzt, erschaffen worden sei, ganz so, wie Bischof Ussher es errechnet hatte.
Erste Widersprüche zu dieser Idee zeigten sich bei den Beobachtungen, die in den 1920er Jahren mit dem 2,5-Meter-Teleskop des Wilson-Observatoriums vorgenommen wurden. Zunächst entdeckte Edmund Hubble, dass viele schwache Lichtflecken, sogenannte Nebulae, in Wahrheit weit entfernte Galaxien waren, Ansammlungen von Sternen wie unsere Sonne. Als derart klein und schwach konnten sie nur erscheinen, wenn die Entfernungen so groß waren, dass das Licht von ihnen Millionen oder gar Milliarden Jahre brauchte, um uns zu erreichen. Der Anfang des Universums konnte also nicht nur einige Tausend Jahre zurückliegen. Die zweite Entdeckung, die Hubble machte, war noch bemerkenswerter. Durch eine Analyse des Lichtes anderer Galaxien konnte er messen, ob diese Galaxien sich auf uns zu- oder von uns wegbewegten. Zu seiner riesengroßen Überraschung stellte er fest, dass sich fast alle von uns entfernten. Es stellte sich sogar heraus, dass sie umso rascher fortstrebten, je weiter sie von uns entfernt waren. Mit anderen Worten: Das Universum expandiert. Die Galaxien entfernen sich voneinander.
Die Entdeckung der Expansion des Universums war eine der großen geistigen Revolutionen des 20. Jahrhunderts. Sie kam völlig überraschend und veränderte die Debatte über den Ursprung von Grund

auf. Wenn sich die Galaxien auseinander bewegen, müssen sie in der Vergangenheit näher zusammen gewesen sein. Anhand der gegenwärtigen Expansionsrate können wir schätzen, dass sie vor zehn vor zehn bis 15 Milliarden Jahren unvorstellbar eng zusammengestanden haben müssen. Es sieht also ganz so aus, als könnte das Universum damals – vollständig auf einen Punkt im Raum konzentriert - angefangen haben.

Doch viele Wissenschaftler konnten sich nicht mit der Idee anfreunden, dass das Universum einen Anfang hatte, weil daraus folgte, dass die Gesetze der Physik dort versagen. Man brauche einen außerhalb des Universums befindlichen Akteur – Gott, wenn Sie so wollen -, der bestimme, wie das Universum anfing. Daher entwickelten sie Theorien, die erklärten, warum das Universum in der Gegenwart expandiert, aber keinen Anfang hat. Eine von ihnen war die Steady-State-Theorie, die Hermann Bondi, Thomas Gold und Fred Hoyle 1948 vorschlugen.

Während sich die Galaxien voneinander entfernen, werden nach der Steady-State-Theorie ständig neue Galaxien aus der Materie gebildet, von der man annahm, sie entstehe beständig überall im Weltraum. Der Steady-State-Theorie zufolge gibt es das Universum seit aller Ewigkeit, und es hat zu aller Zeit gleich ausgesehen. Diese letzte Eigenschaft hatte den großen Vorteil, eine eindeutige Vorhersage zu sein, die sich durch Beobachtungen überprüfen ließ. Unter Leitung von Martin Ryle nahm die Cambridge Radio Astronomy Group Anfang der 1960er Jahre eine Durchmusterung nach schwachen Radioquellen vor. Sie waren ziemlich gleichförmig über den Himmel verteilt, was darauf schließen ließ, dass sich die meisten Quellen außerhalb unserer Galaxie befinden. In der Regel sind die schwächeren Quellen weiter entfernt.

Die Steady-State-Theorie sagte eine Beziehung zwischen der Zahl der Quellen und ihrer Stärke voraus. Doch die Beobachtungen zeigten mehr schwache, also weiter entfernte Quellen als vorhergesagt, woraus folgte, dass die Dichte früher größer gewesen sein musste. Das aber widersprach eklatant der Grundannahme der Steady-State-Theorie, dass alles in der Zeit gleich bleibe. Aus diesen Gründen wurde die Steady-State-Theorie ausgemustert.

Ein weiterer Versuch, einen Anfang des Universums zu umgehen, war der Vorschlag, es habe früher eine Kontraktionsphase zwar gegeben, die Materie sei aber infolge der Rotation und lokaler Unregelmäßigkeiten nicht in einem Punkt zusammen gefallen. Stattdessen hätten sich viele Materieteile verfehlt, daraufhin expandierte das Universum erneut, so diese Theorie, wobei die Dichte die ganze Zeit über endlich blieb.

Tatsächlich behaupteten die beiden Russen Jewgeni Lifschitz und Isaak Chalatnikow, sie hätten bewiesen, dass eine allgemeine Kontraktion ohne exakte Symmetrie immer zu einem Rückprall bei endlicher Dichte führe. Dieses Ergebnis passte dem Dialektischen Materialismus des Marxismus-Leninismus gut ins Konzept, weil es unbequeme Fragen nach der Schöpfung des Universums vermied. Diese Auffassung wurde daher zu einem Glaubensartikel für sowjetische Wissenschaftler. Ziemlich genau zu diesem Zeitpunkt, als Lifschitz und Chalatnikow ihre Thesen veröffentlichten, dass das Universum einen Anfang habe, begann ich meine kosmologischen Forschungen. Mir war klar, dass es eine wichtige Frage war, aber mich überzeugten die von Lifschitz und Chalatnikow vorgebrachten Argumente nicht.

Wir sind an die Vorstellung gewöhnt, dass Ereignisse durch frühere Ereignisse und diese durch noch frühere Ereignisse verursacht werden. Dadurch entsteht eine Kausalkette, die in die Vergangenheit zurückreicht. Doch nehmen wir an, diese Kette hätte einen Anfang, dann gehen wir von einem Ereignis aus. Wodurch wurde es verursacht? Das war eine Frage, mit der sich viele Wissenschaftler nicht auseinandersetzen wollten. Sie versuchten ihr aus dem Weg zu gehen, indem sie entweder, wie die Russen und die Vertreter der Steady-State-Theorie, behaupteten, das Universum habe keinen Anfang, oder die Ansicht vertraten, der Ursprung des Universums falle nicht in die Zuständigkeit der Naturwissenschaft, sondern in die der Metaphysik oder Religion. Einen solchen Standpunkt sollte meiner Auffassung nach ein glaubwürdiger Wissenschaftler nicht übernehmen. Wenn die wissenschaftlichen Gesetze am Anfang des Universums außer Kraft sind, könnten sie dann nicht auch zu anderen Zeiten versagen? Ein Gesetz ist kein Gesetz, wenn es nur manchmal gilt. Wir müssen versuchen, so meine Meinung, den Anfang des Universums auf der Grundlage unserer Wissenschaft zu verstehen. Mag sein, das diese Aufgabe unsere Kräfte übersteigt, aber zumindest sollten wir den Versuch wagen, ihr gerecht zu werden.

Roger Penrose und mir gelang es, geometrische Theoreme zu beweisen, die zeigen, dass das Universum einen Anfang gehabt haben muss, wenn Einsteins Allgemeine Relativitätstheorie richtig ist und bestimmte vernünftige Bedingungen erfüllt sind. Es lässt sich schwer gegen ein mathematisches Theorem streiten, daher räumten Lifschitz und Chalatnikow schließlich ein, das Universum müsse einen Anfang gehabt haben. Obwohl die Idee von einem Anfang des Universums vermutlich kommunistischen Idealen nicht sonderlich gut passte, haben sie nie zugelassen, dass eine Ideologie die wissenschaftliche Entwicklung in der Physik blockierte. Die Physik brauchte man für die Atombombe, und es war wichtig, dass sie funktionierte. Den Fortschritt in der Biologie hingegen verhinderte die sowjetische Ideologie, indem sie die Erkenntnisse der Genetik leugnete.

Die von Roger Penrose und mir bewiesenen Theoreme zeigen zwar, dass das Universum einen Anfang gehabt haben muss, lieferten allerdings nicht viel Informationen über die Art dieses Anfangs. Diese spärlichen Informationen ließen erkennen, dass das Universum mit dem Urknall begann, in einem Punkt, in dem das ganze Universum und alles was es enthielt zu unendlicher Dichte zusammengequetscht war – eine Raum-Zeitsingularität. An diesem Punkt verlor Albert Einsteins Relativitätstheorie ihre Gültigkeit. Mit ihr kann man daher nicht vorhersagen, wie das Universum anfing. Der Ursprung des Universums ist offenbar dem Zugriff der Wissenschaft entzogen.

Beobachtungen, die diese Annahme bestätigen, dass das Universum einen unermesslich dichten Anfang gehabt haben muss, gelangen im Oktober 1965, einige Monate nach meinem ersten Singularitätserlebnis. Man entdeckte die schwache kosmische Hintergrundstrahlung, oder genauer: Mikrowellenhintergrundstrahlung, im ganzen Weltraum. Diese Mikrowellen sind von der gleichen Art wie die in Ihrem Mikrowellengerät, nur dass sie viel weniger Energie besitzen. Ihre Pizza würden diese Mikrowellen nur auf 270,4 Grad Celsius erwärmen – nicht gerade geeignet, um die Pizza aufzutauen, geschweige denn zu backen.

Übrigens können Sie diese Mikrowellen selbst beobachten. Wer sich von Ihnen noch an die analogen Fernsehapparate erinnert, hat ziemlich sicher diese Mikrowellen beobachtet. Wenn Sie bei Ihrem Fernseher einen leeren Kanal eingestellt haben, wurden ein paar Prozent des Schnees, den Sie auf dem Bildschirm gesehen haben, von dieser kosmischen Hintergrundstrahlung hervorgerufen. Es gibt nur eine einzige schlüssige Erklärung für diese Strahlung: Sie ist die Nachwirkung eines frühen sehr heißen und dichten Zustands. Mit der Expansion des Universums kühlte sich die Strahlung ab, bis sie zu einem schwachen Überrest wurde, den wir heute beobachten.

Dass das Universum mit einer Singularität begann, mit dieser Idee waren weder ich noch andere Forscher besonders glücklich. Einsteins Allgemeine Relativitätstheorie versagt in der Nähe des Urknalls, weil sie eine sogenannte klassische Theorie ist. Das heißt, sie setzt stillschweigend etwas voraus, was aus der Sicht des gesunden Menschenverstandes als selbstverständlich erscheint: Sie geht davon aus, jedes Teilchen besitze eine genau definierte Position und eine genau definierte Geschwindigkeit. Wenn wir in einer solchen klassischen Theorie die Positionen und Geschwindigkeiten aller Teilchen des Universums zu einem bestimmten Zeitpunkt kennen würden, könnten wir berechnen, wo die Teilchen sich zu jedem beliebigen Zeitpunkt in der Vergangenheit und in der Zukunft befinden.

Anfang des 20. Jahrhunderts entdeckte man aber, dass sich nicht genau berechnen ließ, was bei extrem kleinen Abständen geschieht. Es ging nicht darum, dass man bessere Theorien brauchte. Der Natur selbst scheint ein gewisses Maß an Zufälligkeiten und Ungewissheiten innezuwohnen, das sich nicht beseitigen lässt, egal wie gut die Theorien sind. Diese Erkenntnis fasst die Unschärferelation zusammen, die Werner Heisenberg 1927 vorschlug: Wir sind nicht in der Lage, sowohl die Position wie auch die Geschwindigkeit eines Teilchens vorherzusagen. Je genauer wir die Position vorhersagen, desto ungenauer wird unsere Vorhersage der Geschwindigkeit sein, und umgekehrt.

Einstein hatte entschiedene Einwände gegen die Vorstellung, im Universum regiere der Zufall. Seine Einwände brachte er in einem Bonmot "Gott würfelt nicht" zum Ausdruck. Doch alle Anhaltspunkte sprechen dafür, dass Gott einen Hang zum Glückspiel hat. Das Universum ist wie ein riesiges Casino, in dem bei jeder Gelegenheit Würfel geworfen oder das Roulette in Bewegung gesetzt wird. Ein Casinobesitzer läuft Gefahr, jedes Mal, wenn die Würfel geworfen und die Rouletteräder gedreht werden, Geld zu verlieren. Doch wenn die Zahl der Würfe groß genug ist, gleichen sich die Chancen aus, und der Casinobesitzer sorgt dafür, dass dieser Ausgleich zu seinen Gunsten ausfällt.

Deshalb sind Casinobesitzer so reich. Die einzige Chance, gegen sie zu gewinnen, besteht darin, sein ganzes Geld auf einige Würfe des Würfels oder Drehungen des Roulettes zu setzen.
Gleiches gilt für das Universum. Ist das Universum groß, wird so außerordentlich oft gewürfelt, dass sich die Ergebnisse zu einem Wert ausgleichen, der sich vorhersagen lässt. Ist das Universum aber winzig klein und befindet sich in der Nähe des Urknalls, gibt es nur eine auffällig kleine Zahl von Würfen, und die Unschärferelation gewinnt an Bedeutung. Um den Ursprung des Universums zu verstehen, muss man also die Unschärferelation in Einsteins Allgemeine Relativitätstheorie einbinden. Das war während der vergangenen 30 Jahre die große Herausforderung in der Theoretischen Physik. Noch haben wir sie nicht bewältigt, aber wir haben enorme Fortschritte erzielt. Stellen Sie sich nun vor, wir versuchten die Zukunft vorherzusagen. Da wir nur eine Kombination aus Position und Geschwindigkeit eines Teilchens kennen, können wir – gemäß der Unschärferelation – die zukünftigen Positionen und Geschwindigkeiten von Teilchen nicht exakt voraussagen. Wir können nur bestimmten Kombinationen aus Positionen und Geschwindigkeiten Wahrscheinlichkeiten zuschreiben. Folglich gibt es eine gewisse Wahrscheinlichkeit für eine bestimmte Zukunft des Universums.
Aber lassen Sie uns nun annehmen, wir versuchten die Vergangenheit auf die gleiche Weise zu verstehen. Angesichts der Art der Beobachtungen, die wir jetzt machen können, sind wir lediglich in der Lage, einer bestimmten Geschichte des Universums, in der England wieder Fußballweltmeister wird, so gering die Wahrscheinlichkeit auch sein mag. Der Gedanke das Universum habe viele Geschichten, hört sich vielleicht nach Science-Fiction an, gilt heute aber als erwiesene wissenschaftliche Tatsache.
Diese Erkenntnis verdanken wir Richard Feynman, der in dem hochangesehenen California Institute of Technology arbeitete und ein

paar Häuser weiter in einem Striplokal die Bongotrommeln schlug. Feynmans Ansatz zum Verständnis dieser Abläufe bestand darin, jeder möglichen Geschichte eine Wahrscheinlichkeit zuzuschreiben und daraus seine Vorhersagen abzuleiten. Die Methode erweist sich bei Vorhersagen der Zukunft als spektakulär erfolgreich. Daher nehmen wir an, dass sie sich auch für die „Zurücksage“ der Vergangenheit verwenden lässt.

Gegenwärtig bemühen sich Wissenschaftler, Einsteins Allgemeine Relativitätstheorie und Feynmans Konzept der vielen Geschichten zu einer vollständigen vereinheitlichten Theorie zusammenzufassen, die alles beschreibt, was im Universum geschieht. Dank dieser vereinheitlichten Theorie werden wir berechnen können, wie sich das Universum entwickeln wird, wenn wir seinen Zustand zu einem gegebenen Zeitpunkt kennen. Leider wird uns die vereinheitlichte Theorie allein nicht verraten, wie das Universum angefangen hat oder wie sein Anfangszustand war. Dazu brauchen wir noch zusätzliche Informationen. Wir müssen die sogenannten Randbedingungen kennen, das, was an den äußersten Grenzen des Universums geschieht, den Rändern von Zeit und Raum. Doch wenn der Rand des Universums einfach an einem normalen Punkt von Zeit und Raum lag, können wir über ihn hinausgehen und den Bereich jenseits des Punktes als Teil des Universums beanspruchen. Wenn dagegen die Grenze des Universums an einem zerklüfteten Rand lag, wo Zeit und Raum deformiert waren und unendliche Dichte herrschte, wäre es sehr schwierig, sinnvolle Randbedingungen zu definieren. Daher ist nicht klar, welche Randbedingungen erforderlich sind. Allem Anschein nach gibt es keine logische Grundlage, einen bestimmten Satz von Randbedingungen einem anderen vorzuziehen.

Eine dritte Möglichkeit erkannten Jim Hartle von der University of California in Santa Barbara und ich. Vielleicht hat das Universum ja gar keine Grenzen in Raum und Zeit. Auf den ersten Blick scheint das in direktem Widerspruch zu den oben erwähnten geometrischen Theoremen zu stehen. Diese zeigen doch, dass das Universum einen Anfang gehabt haben muss, eine Grenze der Zeit. Um Feymans Techniken jedoch eine mathematisch wohldefinierte Form zu geben, entwickelten die Mathematiker das Konzept der imaginären Zeit. Es hat nichts mit unserer Erfahrung der realen Zeit zu tun. Vielmehr ist es ein mathematischer Kunstgriff, der Berechnungen ermöglicht und die echte Zeit unserer Erfahrungen ersetzt. Uns ging es darum, dass es in der imaginären Zeit keine Grenzen gibt. Damit konnten wir uns den Versuch ersparen, Randbedingungen zu erfinden. Wir nannten diesen Ansatz die Keine-Grenzen-Hypothese. Wenn die Randbedingung des Universums besagt, dass es in der imaginären Zeit keine Grenzen gibt, hat es auch nicht nur eine einzige Geschichte. Es gibt viele Geschichten in der imaginären Zeit, und jede von ihnen bestimmt eine Geschichte der realen Zeit. Damit haben wir eine Überfülle von Geschichten für das Universum. Wie lässt sich die besondere oder eine Menge von Geschichten, in denen wir leben, aus allen möglichen Geschichten des Universums herausfinden?

Ein Punkt der rasch ins Auge fällt, ist der Umstand, dass viele dieser möglichen Geschichten des Universums nicht die Bildung von Galaxien und Sternen enthalten, die für unsere eigene Entwicklung von entscheidender Bedeutung war. Mag sein, dass sich intelligente Lebensformen auch ohne Galaxien und Sterne entwickeln können, aber die dürfte unwahrscheinlich sein. Die bloße Tatsache, dass es uns als Lebewesen gibt, die fragen können: "Warum ist das Universum so und nicht anders?", bedeutet folglich eine Einschränkung für die Geschichte, in der wir leben. Daraus folgt, dass diese Geschichte eine aus dem geringsten Teil der Geschichte ist, die Galaxien und Sterne einschließen. Dies ist ein Beispiel für das Anthropische Prinzip. Es besagt, dass das Universum mehr oder minder so sein muss, wie wir es sehen, weil niemand da wäre, der es beobachten könnte, wenn es anders wäre. Vielen Wissenschaftlern missfällt das Anthropische Prinzip, weil es den Eindruck erweckt, reichlich improvisiert zu sein und nicht viel Vorhersagekraft zu besitzen. Doch das Anthropische Prinzip lässt sich exakt formulieren und scheint von entscheidender Bedeutung zu sein, wenn es um den Ursprung des Universums geht. Die M-Theorie, die verallgemeinernde Stringtheorie, die unser aussichtsreichster Kandidat für eine vollständig vereinheitlichte Theorie ist, erlaubt eine äußerst große Zahl möglicher Geschichten für das Universum. Die meisten dieser Geschichten sind für die Entwicklung intelligenten Lebens vollkommen ungeeignet. Entweder sind sie leer, zu kurz, zu stark gekrümmt oder in irgendeiner Hinsicht falsch. Doch nach Richard Feynmans Konzept der vielen Geschichten könnten diese unbewohnten Geschichten ziemlich wahrscheinlich sein.

Uns ist es jedoch gleichgültig, wie viele Geschichten es möglicherweise gibt, die keine intelligenten Lebensformen enthalten. Wir sind ausschließlich an der Teilmenge von Geschichten interessiert, in denen sich intelligentes Leben entwickelt. Dieses Leben muss Menschen nicht im Geringsten gleichen, kleine grüne Männer würden auch genügen. Tatsächlich könnten sie sogar besser geeignet sein, denn die Menschheit hat sich nicht gerade durch sonderlich intelligentes Verhalten hervorgetan.

Ein Beispiel für die Aussagekraft des Anthropischen Prinzips: Nehmen Sie die Zahl der Richtungen im Raum. Die alltägliche Erfahrung sagt uns, dass wir in einem dreidimensionalen Raum leben. Das heißt, wir können die Position eines Punktes im Raum durch drei Zahlen angeben. Beispielsweise durch Breite, Länge und Höhe über dem Meeresspiegel. Aber warum ist der Raum dreidimensional? Warum ist es nicht zwei, vier oder irgendeine andere Zahl von Dimensionen, wie in den Science-Ficton-Erzählungen? Tatsächlich hat der Raum in der Stringtheorie zunächst zehn Dimensionen (sowie eine

Zeitdimension). Allerdings nimmt man an, dass sieben von ihnen sehr eng aufgerollt sind, sodass drei Dimensionen übrig bleiben, die groß und fast flach sind. Das erinnert an einen Strohhalm. Dessen Oberfläche ist zweidimensional, doch eine Dimension ist zu einem kleinen Kreis zusammengerollt, sodass der Strohhalm aus der Entfernung wie eine eindimensionale Linie aussieht.

Warum leben wir nicht in der Geschichte, in der acht Dimensionen aufgerollt sind, sodass nur zwei Dimensionen übrigbleiben, die wir bemerken? Weil dann ein zweidimensionales Tier Schwierigkeiten hätte, Nahrung zu verdauen. Besäße es wie wir einen Verdauungskanal, der es ganz durchquerte, würde dieser das Tier in zwei Teile zerlegen und das arme Tier fiele auseinander.

Folglich sind zwei flache Dimensionen für etwas so Kompliziertes wie intelligentes Leben zu wenig. Drei Dimensionen haben etwas Besonderes. In drei Dimensionen können Planeten stabile Umlaufbahnen um Sterne aufweisen. Dies ist eine Folge der Gravitation, die dem umgekehrten quadratischen Gesetz gehorcht, wie es von Robert Hooke 1665 entdeckt und von Isaak Newton ausgearbeitet wurde. Denken Sie an die Anziehungskraft zweier Körper in einer bestimmten Entfernung: Verdoppelt man diesen Abstand, halbiert sich die Kraft zwischen den beiden Körpern. Wenn der Abstand verdreifacht wird, wird die Kraft durch neun geteilt, wird die Entfernung vervierfacht, wird die Kraft durch 16 geteilt und so weiter. Dies führt zu stabilen Planetenbahnen.

Denken wir nun an vier Raumdimensionen. Dort würde die Gravitation einem inversen kubischen Gesetz (also der dritten Potenz) gehorchen. Würde in vier Raumdimensionen der Abstand zwischen zwei Körpern verdoppelt, würde die Gravitationskraft durch acht geteilt. Bei dreifachem Abstand würde sie bereits durch 27 geteilt und bei vierfacher Distanz durch 64. Diese Änderung zu einem kubischen Gesetz verhindert, dass Planeten stabile Umlaufbahnen um

ihre Sonnen haben. Sie würden entweder in die Sonne fallen oder in die Dunkelheit und Kälte des Weltalls abdriften.
In ähnlicher Weise wären auch die Elektrobahnen in Atomen instabil. Materie in der uns bekannten Form würde daher nicht existieren. Obwohl also die Hypothese der vielen Geschichten jede beliebige Zahl von fast flachen Dimensionen erlaubt, können nur Geschichten mit drei flachen Dimensionen intelligente Lebensformen enthalten. Nur in solchen Geschichten kann die Frage gestellt werden: „Warum hat der Raum drei Dimensionen?"
Eine bemerkenswerte Eigenschaft des Universums, das wir beobachten, betrifft die kosmische Hintergrundstrahlung, die von Arno Penzias und Robert Wilson entdeckt wurde. Im Wesentlichen ist die Hintergrundstrahlung ein fossiler Beleg für den Zustand, in dem sich das Universum sich befand, als es sehr jung war. Diese Hintergrundstrahlung bleibt fast immer gleich, unabhängig von der Richtung, in die Sie in den Weltraum blicken. Die Unterschiede zwischen verschiedenen Richtungen betragen ungefähr ein Hunderttausendstel. Sie sind also unvorstellbar winzig und bedürfen einer Erklärung. Nach der allgemein akzeptierten Erklärung für die Gleichmäßigkeit durchlief das Universum in seiner früheren Geschichte eine Phase extrem rascher Expansion – um einen Faktor von mindestens Milliarde, Milliarden, Milliarden. Dieser Prozess wird als Inflation bezeichnet und wirkte sich im Gegensatz zu der Preisinflation, die uns allzu häufig heimsucht, positiv auf das Universum aus. Wäre das alles gewesen, wäre die kosmische Hintergrundstrahlung in alle Richtungen vollkommen gleich. Woher kommen dann die kleinen Abweichungen?
Anfang 1982 äußerte ich in einem Aufsatz die Ansicht, diese Unterschiede ergäben sich aus den Quantenfluktuationen während der Inflationsphase. Große Quantenfluktuationen treten infolge der Unschärferelation auf. Außerdem waren diese Fluktuationen die Keime für Strukturen in unserem Universum: Für Galaxien, Sterne und uns.

Diese Idee stützt sich im Prinzip auf den gleichen Mechanismus wie die sogenannte Hawking-Strahlung am Horizont eines Schwarzen Loches, die ich ein Jahrzehnt früher vorausgesagt hatte, nur dass sie jetzt von einem kosmologischen Horizont kommt, also der Fläche; die das Universum in zwei Regionen unterteilt – eine die wir sehen können, und eine andere, die wir nicht beobachten können.
Im Sommer 1982 veranstalteten wir einen Workshop in Cambridge, an dem alle wichtigen Vertreter des Forschungsfeldes teilnahmen. Bei dieser Veranstaltung bewiesen wir den größten Teil unserer gegenwärtigen Vorstellungen von der Inflation, einschließlich der alles entscheidenden Dichtefluktuationen, die die Voraussetzung für die Galaxiebildung und damit für unsere Existenz sind. Etliche Forscher trugen zu der endgültigen Antwort bei. Das war zehn Jahre, bevor der COBE-Satellit 1993 die Fluktuationen in der Mikrowellenstrahlung entdeckte. Die Theorie war also dem Experiment weit voraus.
Weitere zehn Jahre später, im Jahr 2003, wurde die Kosmologie durch die ersten Ergebnisse der WMAP (Wilkinson Microwave Anisotropy Probe) lieferte eine wunderbare Temperaturkarte der kosmischen Hintergrundstrahlung, ein Schnappschuss des Universums, als es etwa ein Hundertstel des jetzigen Alters hatte. Die Unregelmäßigkeiten, die man erkennt, werden von der Inflation vorhergesagt und bedeuten, dass einige Regionen des Universums eine etwas höhere Dichte hatten als andere. Die Gravitationsanziehung der Extradichte verlangsamte die Expansion dieser Region und kann sie schließlich veranlassen, zusammenzustürzen und Galaxien und Sterne zu bilden. Schauen Sie sich die Karte der Hintergrundstrahlung also genau an. Sie ist ein Bauplan für alle Strukturen im Universum. Wir sind das Produkt von Quantenfluktuation im ganz früheren Universum. Gott würfelt tatsächlich.
Inzwischen ist WMAP vom Planck-Satelliten abgelöst worden, der eine Karte des Universums mit sehr viel höherer Auflösung anfertigt.

Der Planck-Satellit unterzieht unsere Theorien einem strengen Test. Möglicherweise kann der Satellit auch die Spuren der von der Inflation vorhergesagten Gravitationswellen entdecken. Dann würde die Quantengravitation quer über den Himmel geschrieben.

Es mag andere Universen geben. Die Stringtheorien – beziehungsweise die M- Theorie – sagen voraus, dass eine große Zahl von Universen, entsprechend den viel größeren Geschichten, aus dem Nichts geschaffen worden ist. Jedes Universum hat viele mögliche Geschichten und viele mögliche Zustände, wenn sie bis in die Gegenwart und darüber hinaus in die Zukunft altern. Die meisten dieser Zustände werden ganz anders sein als das Universum, das wir beobachten.

Noch besteht die Hoffnung, dass wir die ersten Belege für die String- oder M-Theorie mit dem LHC-Teilchenbeschleuniger, dem großen Hadronen-Speicherring in Genf finden werden. Aus Sicht der M-Theorie untersucht der LHC (Large Hadron Collider) nur niedrige Energien, aber wir könnten Glück haben und ein schwächeres Signal der fundamentalen Theorie entdecken, etwa die Supersymmetrie. Ich denke, die Entdeckung supersymmetrischer Partner der bekannten Teilchen würde unser Verständnis des Universums revolutionieren. Der Anfang des Universums im heißen Urknall ist das ultimative Hochenergielabor zur Überprüfung der verallgemeinerten String- oder M-Theorie und unserer Ideen über die Bausteine von Raumzeit und Materie.

Verschiedene Theorien hinterlassen unterschiedliche Fingerabdrücke in der gegenwärtigen Struktur des Universums, daher könnten uns astrophysikalische Daten Hinweise auf die Vereinheitlichung aller Naturkräfte liefern. Es könnte also durchaus andere Universen geben, aber leider werden wir nie in der Lage sein, sie zu erkunden. Wir haben einige Hinweise auf den Ursprung des Universums gesehen. Das führt uns weiter zu zwei großen Fragen. „Wird das Universum enden? Ist das Universum einzigartig?

Wie werden sich also die wahrscheinlichsten Geschichten des Universums in Zukunft verhalten? Es scheint verschiedene Möglichkeiten zugeben, die mit der Entstehung verschiedener Lebensformen zu vereinbaren sind. Alles hängt von der Materiemenge im Universum ab. Gibt es mehr als eine bestimmte kritische Menge, wird sich die Expansion verlangsamen? Irgendwann beginnt dann die Materie in sich zusammenzustürzen und in einem Big Crunch zu verschmelzen. Damit wird die Geschichte des Universums in der realen Zeit enden. Als ich den fernen Osten bereiste, bat man mich, den Big Crunch wegen der möglichen Auswirkungen auf die Märkte nicht zu erwähnen. Trotzdem kam es zum Börsenkrach, also muss die Geschichte doch irgendwie durchgesickert sein. Bei uns in Großbritannien scheinen sich die Menschen um ein mögliches Ende in 20 Milliarden Jahren nicht sonderlich zu sorgen. Bis das eintritt, können sie noch eine Menge essen, trinken und sich amüsieren.

Liegt die Dichte des Universums unter dem kritischen Wert, ist die Gravitation zu schwach, um die Galaxien daran zu hindern davonzufliegen. Alle Sterne werden ausbrennen, und das Universum wird leerer und leerer, kälter und kälter werden. Also wird auch in diesem Fall alles enden, nur nicht so dramatisch. Abermals bleiben uns ein paar Milliarden Jahre.

In dieser Antwort habe ich versucht, Ursprung, Zukunft und Beschaffenheit unseres Universums ein wenig zu erklären. Das Universum war in der Vergangenheit klein und dicht und ähnelte infolgedessen der Nussschale, mit der ich begonnen habe. Doch diese Nuss enthält im Ansatz alles, was in der realen Zeit geschieht. Hamlet hat also vollkommen Recht. Wir könnten in einer Nussschale eingesperrt sein und uns trotzdem für die Könige eines unermesslichen Raumes halten.

Was war vor dem Urknall?

Nach der Keine-Grenze-Hypothese ist die Frage, was vor dem Urknall war, sinnlos – so sinnlos wie die Frage, was südlich des Südpols ist -, weil es keinen Zeitbegriff gibt, auf den man sich beziehen könnte. Das Konzept der Zeit existiert nur innerhalb unseres Universums.

Meinung anderer Wissenschaftler und des Autors:
Für Stephen Hawking, stellt sich die Frage, was vor dem Urknall war, demnach nicht. Diese Frage hält er für sinnlos, so sinnlos wie die Frage, was südlich des Südpols ist, weil es seiner Meinung nach vor dem Urknall keinen Zeitbegriff gibt, auf den man sich beziehen könnte. „Das Konzept der Zeit existiert nur innerhalb unseres Universums". Damit stellt er zugleich den Geist als erste Ursache, als das Schaffende in Frage. Der Schöpfergeist, die Ursache für alles Folgende, wird von ihm ganz bewusst ignoriert.

Für ihn beginnt die Zeit erst mit dem Urknall. Diese Auffassung wird eingeschränkt von einem Teil der Wissenschaft, nämlich was vor dem Urknall war, vertreten. Menschen mögen Ordnung und Strukturen. Dinge sollten einen Anfang haben und möglichst auch ein Ende, die Unendlichkeit macht eher Angst. Umso dankbarer nimmt man da zur Kenntnis, dass unser Universum einen Anfangspunkt hatte: den Urknall. Vor rund 14 Milliarden Jahren soll quasi aus dem Nichts heraus all das entstanden sein, was wir am Nachthimmel bewundern dürfen.
Seitdem dehnt sich das Universum stetig und immer schneller aus. Die Frage, was vor dem Urknall war, ist, wie bereits erwähnt, für Verfechter der Urknall-Theorie unsinnig – weil nicht nur der Raum, sondern auch die Zeit erst seit dem Big Bang existiert.

Doch seit einiger Zeit stellen Physiker diesen kategorischen Ausgangspunkt des Universums in Frage. Der Kosmologe Paul Steinhardt von der Princeton University glaubt sogar an ein zyklisches Universum. Ein „Big Bang“ folge auf den anderen. Das Universum kontrahiere und expandiere immer wieder aufs Neue, schrieb er im Jahr 2002 gemeinsam mit seinem Kollegen Neil Turok im Magazin „Science“.

Der deutsche Physiker Martin Bojowald weckt in einem Aufsatz für das Fachblatt „Nature Physics“ die Hoffnung, dass man vielleicht eines Tages in die Zeit vor dem Urknall blicken kann – zumindest indirekt. Dass es ein davor gibt, ist für ihn keine Frage mehr. Bojowald, der an der Pennsylvania State University forscht, beruft sich auf ein Modell aus der sogenannten Schleifen- Quantengravitation, mit dem Physiker die extremen Zustände kurz nachdem Urknall beschreiben können. Die Schleifen-Quantengravitation wurde entwickelt, um Quantenphysik und die allgemeine Relativitätstheorie zu vereinigen – sie ist eine wichtige Alternative zur Stringtheorie. Die neue Theorie soll auch noch bei extremen Dichten und Drücken nahe dem Urkall funktionieren. „Einsteins Relativitätstheorie schließt die Quantenphsik nicht ein, die braucht man, um die extrem hohen Energien zu beschreiben, die das Universum in seinen Anfängen bestimmten“, sagt Bojowald.
Das Verrückte an der Schleifen-Quantengravitation ist, dass sie den Urknall als solchen in Frage stellt. Statt eines „ Big Bang“ habe es einen „ Big Bounce“ gegeben, postulierte Abhay Ashtekar von der Pennsylvania State University vor einem Jahr: Der Urknall sei in Wahrheit eine Art Abpraller. Das Universum habe sich infolge der Gravitation so weit zusammengezogen, bis die Quanteneigenschaften schließlich der Schwerkraft entgegengewirkt hätten. Sein Team habe zeigen können, „ dass es tatsächlich einen Quanten-Rückstoß gibt“, erklärte Ashtekar.

Bojowald, der vom Potsdamer Einstein-Institut zur Pennsylvania State University gewechselt ist, geht mit dem Modell noch einen Schritt weiter:
„Ein direkter Blick in die Vergangenheit vor dem Urknall ist nicht möglich“, aber indirekte Beobachtungen können sehr wohl darüber Aufschluss geben.
In seinem Modell existiere „definitiv“ ein Universum vor dem Urknall. Dies sei, verglichen mit den anderen Modellen, schon ein Fortschritt. Die zeitliche Entwicklung und der Größe des Universums sei etwa spiegelgleich zur derzeitigen gewesen.
Für die Zeit nach dem Urknall gibt es zwischenzeitlich, ein weitgehend anerkanntes Standardmodell.

Beginn mit dem Urknall und seinen Folgen

Albert Einstein hat angenommen, dass Raum und Zeit nicht etwa in einem sozusagen leeren Raum, sondern im Urknall selbst entstanden sind.
Erst mit ausgedehnter Raum-Zeit konnte sich die Materie verdichten und konnten Galaxien und Sterne entstehen. Dieses ganze Geschehen war, so wird angenommen, weitgehend von der Schwerkraft bestimmt.
Seinerzeit, etwa 100 bis 250 Millionen Jahre nach dem Urknall bestand das Universum aus nichts anderem als rund 75% Wasserstoff und 25 % Helium (sowie Spuren von Lithium). Es war finster, kein Licht erhellte das nur aus Gasen bestehende All, es gab keine anderen Elemente. Nach vielen Millionen Jahren konnte das Gas durch die Schwerkraft zu Materieklumpen und schließlich zu Galaxien kondensieren, zu vermutlich mehr als hundert Milliarden Galaxien, mit in der Regel jeweils mehr als 10 Milliarden Gestirnen.

Was dieses Zusammenballen der Materie in Galaxien verursacht hat, ist nach wie vor ungeklärt. Besser geklärt sind die folgenden Phasen, die man stark vereinfacht, so beschreiben kann: Die Gravitation lässt die Gaswolken, wenn sie unter ihrem eigenen Gewicht zusammenbrechen, zu Sternen verdichten. In diesen finden Kernreaktionen statt, die neben Wasserstoff und Helium nun auch schwere Elemente wie Kohlenstoff, Sauerstoff und Stickstoff erzeugen.
Manche dieser Sterne werden mit der Zeit instabil, explodieren und schleudern unvorstellbare Mengen der neu entstandenen Rohmaterialien in den interstellaren Raum, wo sie erneut massenreiche Gaswolken bilden, die sich jedoch mit der Zeit wieder zu Sternen verdichten.
Erst mit den Sternen der zweiten Generation, die nun neben Wasserstoff und Helium auch die schweren Elemente enthalten bildete sich in einem der äußeren Arme unserer Spiralgalaxie, die einen Durchmesser von 100 000 LichtJahre hat, nach etwa 9 Milliarden unsere Sonne. Ein Stern unter vielen Milliarden anderer Sterne.

Vom Urknall zum Menschen – eine Zeitreise

Vom Urknall zum Menschen – diese Zeitreise ist spannend und faszinierend und lässt uns Menschen immer wieder staunen über die Großartigkeit der Welt im Gesamten.
Der Mensch im Kosmos – weit weniger als eine Nadel im Heuhaufen und doch viel mehr. Nicht nur er ist in der Welt, sondern die Welt ist, indem er sich mit ihr auseinander setzt, auch in ihm.
Nicht nur Völker und Staaten haben eine Geschichte, sondern auch die Erde, die Sonne, ja das ganze Weltall. Dies ist noch eine relativ neue Erkenntnis.
Bis über das Mittelalter hinaus wurde allgemein geglaubt, die Erde sei das Zentrum der Welt und sie sei nur wenige Jahrtausende alt. Dieser Glaube hielt sich nicht nur im allgemeinen Bewusstsein fast

unverändert bis in die Mitte des 19. Jahrhunderts, auch die meisten Gelehrten hingen ihm an, obwohl es Entdeckungen gab, die nur schwer mit ihm zu vereinbaren waren, es gab auch Abhandlungen, die ihm offen widersprachen.

Heute wissen wir ziemlich genau, dass die Erde 4,6 Milliarden Jahre alt ist und dass es uns ähnliche Menschen seit etwa einer Million Jahren gibt. Sehr lange nach unseren gewöhnlichen Maßstäben, aber weniger als eine halbe Minute, wenn man das Alter der Erde einem Tag gleichsetzt.

Entwicklungsgeschichte des Universums

Nichts, aber auch gar nichts, ist beständiger als der Wandel, die Veränderung. Alles ist entstanden und alles ändert sich – alles hat eine Geschichte. Diese Feststellung ist nicht erdgebunden, sondern sie ist ein Gesetz, das universell für den gesamten Bereich der Materie gilt. Es durchzieht die gesamte Schöpfung. Wenn der Mensch dies verinnerlicht, dann wird er vielen Dingen gegenüber gelassener und freier. Auch Loslassen können, wird er in die Überlegungen seines Schicksals dann mit einbeziehen, denn er erahnt den Willen seines Schöpfers.

Veränderung – Evolution

Die Veränderung, die Entwicklung, also die Evolution ist unser Kompass durch unsere Zeitreise. Verstehen bedeutet rückblickend die Erkenntnis was geschah und wie es geschah, nicht aber warum es so und nicht anders geschah. Die Entstehung des Evolutionsdenkens war ein langwieriger und schwieriger Prozess der Erkenntnis.
Dem Evolutionsgedanken stand lange Zeit die Schöpfungslehre im Weg, nach der die Welt so erschaffen wurde, wie sie nun war. Das vorherrschende Weltbild war von Geschichten über die Entstehung bestimmt, nicht von der Geschichte der Entwicklung. Bis ins 21.

Jahrhundert gibt es noch Berechnungen, dass unsere Erde nur ca. 7000 Jahre alt sein soll. Es war ein langer Weg von dem statischen Weltbild der Schöpfungsmythen zum dynamischen Weltbild einer geschichtlichen Entwicklung.

Der Gedanke, dass alle Lebewesen veränderbar sind, und somit eine Evolution durchlaufen, wurde erstmals im 18.Jahrhundert formuliert. 1809 stellte der Naturforscher und Philosoph Jean Baptiste de Lamarck die erste „Evolutionstheorie" auf.

Lamarck folgerte aus seinen Beobachtungen unter anderem:

1. Jeder Organismus hat die Fähigkeit sich seiner Umwelt anzupassen.
2. Jeder Organismus hat den Drang zur Vollkommenheit.

Lamarck ging des Weiteren davon aus, dass erworbene Fähigkeiten eines Lebewesens weitervererbt werden. Diese Beobachtungen zeigen Überlegungen, die heute durchaus nachvollziehbar. Die Vorstellung war nicht ganz neu. Das Problem war die Erklärung der Mechanik, wie diese funktioniert.

Als Charles Darwin 1859 sein Buch „On the Origin of Spezies" (Über die Entstehung der Arten) veröffentlichte, gingen diesem Schritt mehr als 20 Jahre Forschungsarbeit voraus. Im Jahre 1831 besuchte er die Galapagosinseln, und kam bei der Beobachtung der dort heimischen Finkenarten zu dem Schluss, dass diese miteinander verwandt sind, sich aber dennoch unterscheiden. Darauf beruhte seine Vorstellung zu der Evolution der Arten. 1838 fand er dafür eine erklärende Mechanik, die Selektionstheorie.

Darwin vertrat dazu folgende Meinung:

- Arten entwickeln sich fortlaufend und sterben auch wieder aus.
- Ähnliche Organismen stammen von einem gemeinsamen Vorfahren ab.

Evolution verläuft langsam, nicht sprunghaft. Durch die Selektion wird die Evolution erst vorangetrieben Es dauerte nach Darwin noch geraume Zeit bis die Vorstellung von einer Evolution auch in der Astronomie Wurzeln fassen konnte. Die erforderlichen Instrumente, um die Evolution im gesamten Universum belegen zu können, fehlten.

Hubble und die Explosion des Weltalls. Der amerikanische Astronom Edwin Powell Hubble konnte 1923 jedoch zeigen, dass die seit über hundert Jahren bekannten Spiralnebel nicht zum Milchstraßensystem gehören, sondern dass sie Sternsysteme sind, wie das Milchstraßensystem selbst, und dass sie für die großen Strukturen des Universums charakteristisch sind. Er bediente sich dabei des 1917 auf dem Mount Wilson in Kalifornien in Betrieb genommenen Hooker-Reflektors mit einem Durchmesser von 254 Zentimetern, dem für drei Jahrzehnte größten und bei weitem leistungsfähigsten Teleskop.

Im Jahr 1929 entdeckte er beim Vergleich der Galaxien, die Expansion des Weltalls. Er zog daraus den Schluss: Wenn das Weltall heute expandiert, muss es früher kleiner gewesen sein – die Vorstellung der kosmischen Evolution war geboren. Hubble war damit indirekt auch der Entdecker des Urknalls, der Geburt des Universums. Er eröffnete das astronomische Weltbild in ungeheure Weiten in Raum und Zeit und ist aus diesem Grund in seiner Leistung mit Kopernikus, Kepler und Galilei zu vergleichen. Er hat dabei auf dem hochentwickelten Stand der optischen Technik und der Methode der Spektralanalyse, aufgebaut. Damit konnte auch nachgewiesen werden, dass die Materie überall im Universum gleich ist und dass überall die gleichen physikalischen Gesetze gelten.

In den kosmischen Prozessen unterliegt die Materie einem viel fachen Wandel. In den Supernova-Explosionen gibt es Kernumwandlungen, es bilden sich auch verschiedene Moleküle, darunter auch organische Verbindungen. Dies gab auch immer wieder zu Spekulationen Anlass, dass solche Prozesse irgendwie mit der Entstehung des Lebens auf der Erde in Verbindung stehen könnten.

Schon unsere frühesten Vorfahren haben den Blick zum Himmel gerichtet und über Sonne, Mond und Gestirne gestaunt. Sie haben ihnen sogar den Status von Göttern gegeben, wie z.B. die alten Ägypter den Sonnengott Ra verehrten.
Mit dem Sesshaft werden der Menschen und dem Beginn der Ackerbaukulturen kam der Himmelskunde eine besondere Bedeutung zu. In den Hochkulturen der Sumerer, der Babylonier und der Ägypter zeichneten Sternenkundige auf, wann die Sonne auf- und unterging, wie die Mondphasen einen Monat unterteilten, wie die Sonne von Tag zu Tag an einem anderen Punkt auf und unterging und dabei einen bestimmten Jahreszyklus durchlief. Auf der Basis solcher Beobachtungen schufen die alten Himmelskundigen die ersten Kalender – wichtige Hilfsmittel, um in den Agrargesellschaften den günstigsten Zeitpunkt für Aussaat und Ernte festzulegen.

In dieser Zeit liegt wohl auch der Zeitpunkt der Entstehung der ältesten aller Wissenschaften: der Astronomie.
Frühe Beobachter stellten schon fest, dass es von Zeit zu Zeit besondere Himmelsereignisse wie Sonnen- oder Mondfinsternisse gibt und dass diese in festen Intervallen wiederkehrten. Sternenkonstellationen am Nachthimmel malten sie sich als Sternbilder aus. Und erfanden Mythen und Geschichten, um diese zu erklären und ihre Bedeutung zu charakterisieren.

Chinesische Astronomen der Zhou-Zeit (11. Jahrhundert bis 221 vor Christus) entdeckten bereits, dass ein Jahr rund 365 Tage umfasst.

Außerdem beobachteten sie Kometen und entdeckten, dass sich einzelne Sterne am Himmel bewegten. Sie stellten auch Überlegungen zur Natur dieser „Wandelsterne“, die man später Planeten nannte, an. Die Maya bauten ab dem 4. Jahrhundert nach Christus Tempel und Pyramiden, die astronomischen Zwecken dienten. Und sie schufen einen Kalender, der sich an den Bahnbewegungen der Venus orientierte.

Geozentrisches Weltbild: Der Mensch und die Erde im Mittelpunkt

Die meisten alten Weltmodelle gingen davon aus, dass sich Sonne, Mond und alle Sterne um den Mittelpunkt der Welt, die Erde, drehen. Einer der wichtigsten Astronomen, die ein solches Weltbild zeichneten, war Claudius Ptolemäus. Die frühen Astronomen machten aber auch Entdeckungen, die nicht in dieses Weltbild passten. Schon um 300 vor Christus wusste man in Griechenland, dass die Erde eine Kugel sein musste. Aristarch vermutete sogar schon, die Erde kreise um die Sonne, konnte es allerdings nicht beweisen. Hipparch stellte einen umfangreichen Sternenkatalog zusammen und berechnete die Entfernung des Mondes von der Erde.

Bis zu seiner Ablösung in der Renaissance durch das Heliozentrische Weltbild war es etwa 1800 Jahre lang (200 v. Chr. bis ca. 1600 n. Chr.) die vorherrschende Auffassung.

Kopernikus – Wende des Weltbilds

Eine wichtige Wende kam mit Nikolaus Kopernikus (1473 bis 1543). Er war der erste Sternenbeobachter der neueren Geschichte, der erklärte, nicht die Erde, sondern die Sonne stehe im Mittelpunkt unserer kosmischen Umgebung.

Johannes Keppler formulierte etwas später die Gesetze zur Bewegung der Planeten. Kurze Zeit später begann Galileo Galilei systematische Himmelsbeobachtungen mit Hilfe eines Fernrohrs und entdeckte dabei unter anderem die vier größten Jupitermonde und dass sich die Erde um die Sonne dreht. Wie bekannt, musste er einen Teil seiner Forschungsergebnisse später widerrufen, aber seine Feststellungen setzten sich trotzdem durch. Der Satz „und sie bewegt sich doch“ wird ihm zugeschrieben, dies ist allerdings umstritten. Erst vor gar nicht langer Zeit rückte die Katholische Kirche offiziell von ihrem damaligen Standpunkt ab und rehabilitierte Galileo Galilei.

Mit den Forschungen Isaac Newtons wurden die Gesetze der Himmelsmechanik weiter geklärt. Auf der Basis von Keplers Gesetzen und Newtons Erkenntnissen wurde es möglich, die Größenverhältnisse im Sonnensystem exakt zu bestimmen und die Bewegungen von Planeten, Monden, Kometen und anderen Himmelskörpern genauer zu berechnen und vorherzusagen.

Im 18. Und 19. Jahrhundert erlaubten immer größere und bessere Teleskope tiefere Blicke ins Universum und brachten viele neue Erkenntnisse. Astronomen entdeckten die Planeten Uranus und Neptun. Man konnte jetzt auch Sternenhaufen und Nebelflecken erkennen, von denen man aber noch nicht wusste, dass es sich bei ihnen um riesige Galaxien handelte. Die Sterne wurden zu jener Zeit aber schon in verschiedene Sterntypen eingeteilt.

Die Moderne – Der Mensch stößt in den Weltraum vor

Im 20. Jahrhundert brachte zunächst die theoretische Physik und Astrophysik die Forschung voran. Albert Einsteins allgemeine und spezielle Relativitätstheorie revolutionierte das Weltbild und war ein riesiger Schritt zum Verständnis des Kosmos.

Mondlandung – Neil Armstrong betritt 1969 als erster Mensch den Mond

Von Beginn der Raumfahrt-Ära an bekam die Astronomie eine neue Qualität. Menschen bewegten sich erstmals durch das All, besuchten den Mond und nahmen Bodenproben. Unbemannte Sonden flogen zu den Planeten. Roboter untersuchten den Marsboden, andere analysierten die Atmosphäre der Venus, maßen den Sonnenwind, kartographierten Mondoberflächen oder erforschten Magnetfelder. Beobachtungsposten außerhalb der Erdatmosphäre wie das Weltraumteleskop Hubble erlauben Blicke in ungeahnte Tiefen des Universums.

Im Jahr 2013 meldete die NASA: Voyager 1 hat unser Sonnensystem verlassen und den interstellaren Raum erreicht." Voyager ist kühn in Regionen vorgestoßen, die keine Sonde zuvor erreicht hat", erklärte John Grunsfeld von der US-Weltraumagentur in einer Pressekonferenz.

Voyager 1 ist seit dem 17. Februar 1998 das am weitesten von der Erde entfernte Gerät der Menschheit und durchquerte zuletzt die Heliopause, jene Region unseres Sonnensystems, in dem der Teilchenstrom der Sonne auf interstellare Teilchen trifft und schließlich gestoppt wird. Die Fließrichtung der Teilchen sei demnach ein Hinweis darauf, ob das Sonnensystem bereits hinter der Sonde liegt. Der Einfluss ihrer Gravitation reicht dagegen auch über diesen Bereich hinaus.

Die Schwestersonden Voyager 1 und Voyager 2 waren 1977 im Abstand von 16 Tagen gestartet worden. 1979 passierte Voyager 1 den Jupiter und ein Jahr später den Saturn. Zehn Jahre danach richtete die Sonde die Kamera zurück und nahm das Familienportrait unseres Sonnensystems auf. 60 Einzelbilder, auf denen die Sonne und sechs

Planeten zu sehen sind. Inzwischen ist die Sonde mehr als 18 Milliarden Kilometer von der Erde entfernt. Mit Spannung darf man den weiteren Ergebnissen entgegen sehen.

Anflug der Sonde Rosetta mit dem Labor Philae auf den Kometen 67P Tschurjumow-Gerassimenkow

Der November 2014 war ein interessanter und bewegender Monat für die an der Raumfahrt und am All interessierten Menschen.
Gleich zwei großartige Ereignisse fielen in diesen Zeitraum: Die Premiere im Weltall. Erstmals in der Geschichte der Raumfahrt ist die Landung auf einem Kometen gelungen. Im Kontrollzentrum der Europäischen Weltraumorganisation (Esa) in Darmstadt und im Deutschen Luft- und Raumfahrtzentrum (DLR) in Köln kam frenetischer Jubel auf. Zehn Jahre, acht Monate und zehn Tage war die Sonde Rosetta unterwegs. Sie hat zu dem mehr als 500 Millionen Kilometer entfernten Kometen den Weg gefunden. Es handelt sich um den Kometen 67P/Tschurjumow-Gerassimenko.
Auf diesem Kometen wurde das Labor Philae abgesetzt. Der Name des Labors "Philae" bezieht sich auf die Nil-Insel Philae, auf der ein Obelisk gefunden wurde, der in griechischer Schrift und in Hieroglyphen die Namen von Kleopatra und Ptolomäus trug und so bei der Entzifferung der Hieroglyphen half. Analog dazu soll die Mission dazu beitragen, unsere kosmische Geschichte zu entschlüsseln. Forscher erhoffen sich unter anderem Hinweise auf die Entstehung unseres Sonnensystems vor 4,6 Milliarden Jahren. Kometen sollen weitgehend unveränderte Materie aus dieser Zeit enthalten – sie gelten als Boten der Vergangenheit. Rosetta und das Landegerät sollen den Kometen nun analysieren.
Philae hat zehn Instrumente an Bord, um den Kometen zu untersuchen. Die gewonnenen Daten werden dann an das Zentrum auf der Erde weitergeleitet und dort ausgewertet. Die Mission soll noch bis

Ende 2015 dauern. Das Aufsetzen des Labors wird von manchen Experten mit der Mondlandung 1969 verglichen.

In einer deutschen Zeitung, mit einer erheblichen Auflage, war dazu folgendes zu lesen: „ Lieber Komet „Tschuri“, Du bist 4,6 Milliarden Jahre alt. Es gab Dich, bevor es uns Menschen gab. Und jetzt sind wir Menschen auf Dir gelandet. Unsere Sonde „Philae“ erforscht Dich. Wie war es vor 4,6 Milliarden Jahren, als unser Sonnensystem entstand und wir wurden, was wir sind – Jetztmenschen?

Wir waren Atome, soviel wir wissen. Wir waren Kohlenstoff, Wasserstoff, Sauerstoff, Stickstoff, Milliarden Jahre vergingen, bis wir Lebewesen z.B. Dinosaurier wurden. Auf Bäumen lebten, Schlangen waren, Mäuse. Milliarden Jahre dauerte es, bis wir Menschen wurden. 500 Millionen Kilometer entfernt kann uns der Komet „Tschuri“ Auskunft geben über unser Leben und dessen Anfänge. Ich bin fasziniert“. Soweit dieser Kommentar in der Zeitung vom 14.11.2014.

Über 166 Tage, nämlich von Mai bis November 2014 waren der deutsche Astronaut Alexander Gerst und zwei weitere Kollegen, nämlich der Russe Maxim Surajew und der US-Amerikaner Reid Wiseman an Bord der Sojus Kapsel. Sie haben die Bedingungen im Weltall erforscht. Gewollt oder ungewollt nahmen alle Astronauten an Bord an einem weiteren Experiment teil, wie sich der lange Aufenthalt im All und in der Schwerelosigkeit auf den menschlichen Körper auswirkt. Und vor allem was Astronauten tun können, um die Schädigung so gering wie möglich zu halten. Ein weiteres erfolgreiches Experiment für die Erforschung unseres Universums!

Kapitel 3

GIBT ES ANDERES INTELLIEGENTES LEBEN IM UNIVERSUM?

Stephen Hawking:
In diesem Kapitel möchte ich ein wenig über die Entwicklung des Lebens im Universum spekulieren, insbesondere über die Entwicklung intelligenten Lebens. Ich werde die menschliche Spezies dazurechnen, obwohl sie sich im Laufe der Geschichte vielfach ziemlich dumm benommen hat. Und sich dabei kaum gefragt haben dürfte, ob sie zum Überleben ihrer Art beiträgt. Zwei Fragen möchte ich erörtern: „Wie groß ist die Wahrscheinlichkeit, dass es das Leben anderswo im Universum gibt?“ Und: „Wie kann sich Leben in Zukunft entwickeln?“
Es ist eine allgemeine Erfahrung, dass die Dinge im Laufe der Zeit ungeordneter und chaotische werden. Für diese Beobachtung gibt es sogar ein Gesetz, den sogenannten zweiten Hauptsatz der Thermodynamik, der besagt, dass die Gesamtmenge an Unordnung oder Entropie im Universum mit der Zeit stets zunimmt. Doch das Gesetz bezieht sich nicht nur auf die gesamte Unordnung. Die Ordnung in einem Körper kann anwachsen, vorausgesetzt, die Unordnung in der Umgebung nimmt in größerem Maße zu.
Das geschieht in einem Lebewesen. Wir können Leben als ein geordnetes System definieren, das sich gegen die Tendenz zur Unordnung behaupten und sich reproduzieren kann. Das heißt, es kann ähnliche, aber unabhängige geordnete Systeme hervorbringen. Dazu muss das System Energie in irgendeiner geordneten Form – etwa Nahrung, Sonnenlicht oder elektrische Energie – zu ungeordneter Energie in Gestalt von Wärme umwandeln. Auf diese Weise kann das System die Bedingung erfüllen nach der die Gesamtmenge an

Unordnung zunimmt, während die Ordnung gleichzeitig in ihm selbst und seinen Nachkommen anwächst. Das klingt verdächtig nach einem Haus, das mit jedem neuen Baby etwas tiefer im Chaos versinkt.

Ein Lebewesen wie Sie oder ich ist gewöhnlich auf zwei Voraussetzungen angewiesen: Einen Satz Anweisungen, die dem System sagen, wie es weiterlebt und wie es sich reproduziert, und auf einen Mechanismus der die Anweisung ausführt. In der Biologie heißen diese beiden Voraussetzungen Gene und Stoffwechsel. Aber es ist darauf hinzuweisen, dass sie keineswegs biologisch sein müssen. Beispielsweise ist ein Computervirus ein Programm, das Kopien seiner selbst im Speicher eines Computers herstellt, um sich dann selbst auf andere Computer zu übertragen. Damit entspricht es der von mir genannten Definition eines lebenden Systems. Wie ein biologisches Virus ist es eine ziemlich degenerierte Form eines solchen Systems, weil es nur Anweisungen oder Gene enthält, aber keinen eigenen Stoffwechsel. Stattdessen programmiert es den Stoffwechsel des Wirtscomputers oder der Wirtscelle um. Gelegentlich hat man infrage gestellt, dass Viren Lebewesen seien, weil sie Parasiten sind und nicht unabhängig von ihren Wirten existieren können. Doch dann sind die meisten Lebensformen – auch wir selbst – Parasiten, denn sie ernähren sich von anderen Lebewesen und sind von ihnen abhängig, um zu überleben. Daher denke ich, dass Computerviren durchaus als Lebewesen zu betrachten sind. Vielleicht ist es für die menschliche Natur kennzeichnend, dass diese einzige Lebensform, die wir bislang geschaffen haben, rein destruktiv ist. Haben wir das Leben nach unserem Bilde geschaffen? Ich komme später auf elektronische Lebensformen zurück. Was wir normalerweise als „Leben" vorstellen, basiert auf Ketten von Kohlenstoffatomen, zu denen einige wenige andere Atome hinzutreten, etwa Stickstoff oder Phosphor. Man kann darüber spekulieren, dass es Leben auch mit einer

anderen chemischen Basis geben könnte, etwa Silizium, aber Kohlenstoffatome überhaupt mit den Eigenschaften, die sie haben, existieren können, bedarf es einer Feinabstimmung der physikalischen Konstanten, etwa der Scala der Quantenchromodynamik, der elektrischen Ladung und sogar der Raumzeitdimensionen.
Hätten diese Konstanten kaum merkliche andere Werte, wäre entweder der Kern des Kohlenstoffatoms instabil oder die Elektronen stürzten den Kern. Auf den ersten Blick erscheint es mehr als bemerkenswert, dass das Universum so fein abgestimmt ist. Es könnte ein Indiz dafür sein, dass es speziell für die Entwicklung der menschlichen Spezies entworfen wurde.
Doch bei solchen Argumenten ist Vorsicht geboten, weil wir das sogenannte Anthropische Prinzip, nämlich die Vorstellung, unsere Theorien über das Universum müssten mit der eigenen Existenz vereinbar sein, zu berücksichtigen haben. Dieses Prinzip beruht auf der offensichtlichen Tatsache, dass wir nicht fragen können, warum das Universum so fein abgestimmt ist, wenn es nicht für Leben geeignet wäre. Das Anthropische Prinzip lässt sich entweder in einer starken oder seiner schwachen Version anwenden. Beim Starken Anthropischen Prinzip nehmen wir an, dass es viele verschiedene Universen gibt, jedes mit eigenen Werten für die physikalischen Konstanten. Bei einer kleinen Zahl werden die Werte die Existenz von Objekten wie Kohlestoffatomen zulassen, die dann als Bausteine für lebende Systeme dienen können. Da wir in einem dieser Universen leben müssen, sollten wir von der Feinabstimmung nicht überrascht sein. Gäbe es sie nicht, wären wir nicht hier. Die starke Form des Anthropischen Prinzips ist nicht sehr befriedigend. Welche operationale Bedeutung kann man der Existenz all dieser anderen Universen zuweisen? Wie kann sich das, was in ihnen geschieht, auf unser Universum auswirken, wenn sie doch von diesem getrennt sind? Stattdessen werde ich von dem sogenannten Schwachen Anthropischen Prinzip

ausgehen. Das heißt, ich werde die Werte der physikalischen Konstanten als gegeben voraussetzen. Aber ich werde beobachten, welche Schlussfolgerungen sich aus der Tatsache ableiten lassen, dass auf diesem Planeten, in diesem Stadium der Geschichte des Universums, Leben existiert. Als das Universum vor ungefähr 13,8 Milliarden Jahren begann, gab es noch keinen Kohlenstoff. Es war noch so heiß, dass alle Materie in Form von Teilchen – Protonen und Neutron – vorlag. Ursprünglich gab es gleiche Zahlen von Protonen und Neutronen. Doch als das Universum expandierte, kühlte es ab. Ungefähr eine Minute nach dem Urknall waren die Temperaturen ungefähr auf eine Milliarde Celsius gefallen, also in etwa das Hundertfache der Sonnentemperaturen. Bei dieser Temperatur beginnen Neutronen in Protonen zu zerfallen.

Wäre es dabei geblieben, hätte sich die gesamte Materie des Universums am Ende in das einfachste Element, Wasserstoff, verwandelt, dessen Kern aus einem einzigen Proton besteht. Einige der Neutronen kollidierten jedoch mit Protonen, blieben an ihnen haften und bildeten so das nächsteinfache Element, Helium, dessen Kern aus zwei Protonen und zwei Neutronen besteht. Schwerere Elemente, wie Kohlenstoff und Wasserstoff, wurden im gerade entstehenden Universum nicht gebildet. Es lässt sich kaum vorstellen, dass ein lebendes System nur aus Wasserstoff und Helium hergestellt werden kann – im Übrigen war das frühe Universum immer noch viel zu heiß, als dass sich Atome zu Molekülen hätten zusammenfügen können. Das Universum expandierte weiter und kühlte ab: Einige Regionen wiesen eine etwas höhere Dichte auf als andere, und die Gravitationsanziehung der Extra-Materie in diesen Regionen verringerte ihre Expansion und brachte sie schließlich zum Stillstand. Stattdessen fielen sie zu Galaxien und Sternen zusammen, eine Entwicklung, die ungefähr zwei Milliarden Jahre nach dem Urknall begann. Einige der frühen Sterne besaßen mehr

Masse als unsere Sonne; sie waren heißer als die Sonne und verwandelten die ursprünglichen Elemente Wasserstoff und Helium in schwerere Elemente wie Kohlenstoff, Sauerstoff und Eisen. Das dürfte nicht länger als einige hundert Millionen Jahre gedauert haben. Danach explodierten einige der Sterne als Supernovae und schleuderten ihre schweren Elemente zurück ins All, wo sie als Rohmaterial für spätere Sterngenerationen dienten.

Andere Sterne sind zu weit von uns entfernt, als dass wir unmittelbar erkennen könnten, ob sie Planeten mit sich führen. Zwei Techniken ermöglichen uns Planeten, die um Sterne kreisen, zu entdecken. Bei der ersten Methode beobachtet man den Stern, um zu sehen, ob die Lichtmenge, die von ihm ausgeht, konstant bleibt. Bewegt sich ein Planet vor dem Stern, wird das Licht des Sternes leicht abgedunkelt. Eine zweite Methode ist die genaue Messung der Sternposition. Umkreist ein Planet den Stern, verursacht er ein minimales Schwanken dieser Sternposition. Dies kann man beobachten. Handelt es sich um eine regelmäßige Schwankung, kann man sie auf einen Planeten zurückführen, der sich auf einer Umlaufbahn um den Stern befindet.

Diese Methoden wurden zum ersten Mal vor etwa 20 Jahren angewandt, und inzwischen sind einige tausend Planeten im Orbit entfernter Sterne entdeckt worden. Jeder fünfte Stern, so schätzt man, hat einen erdähnlichen Planeten, der ihn in einer solchen Entfernung umkreist, dass er für Leben, wie wir es kennen, kompatibel ist. Vor ungefähr viereinhalb Milliarden Jahren, oder neun Milliarden nach dem Urknall, wurde unser eigenes Sonnensystem aus Gas gebildet, das mit den Überresten früherer Sterne durchsetzt war. Die Erde entstand großenteils aus den schweren Elementen, einschließlich Kohlenstoff und Sauerstoff. Irgendwie fanden diese Atome zu DNA-Molekülen zusammen.

Das war die berühmte Form der Doppelhelix, die am 28.Februar 1953 von Francis Crick und James Watson im Cavendish-

Laboratorium in Cambridge entdeckt wurde. Für die Verbindung der beiden Ketten sorgen Paare von Basen. Es gibt vier Basen – Adenin, Cytosin, Guanin und Thymin. Einem Adenin auf einer Kette entspricht immer ein Thymin auf einer anderen Kette und einem Guanin ein Cytosin auf einer anderen Kette. Folglich legt die Sequenz der Basen auf einer Kette eine spezifische, komplementäre Sequenz auf der anderen Kette fest. Dann können sich die beiden Ketten trennen und jede als Vorlage für die Herstellung weiterer Ketten dienen. Auf diese Weise reproduzieren DNA-Moleküle die genetische Informaton, die in den Sequenzen der Basen verschlüsselt ist. Mithilfe der Sequenzen lassen sich auch Proteine und andere chemische Substanzen herstellen; sie führen die in der Sequenz kodierten Anweisungen aus und fügen das Rohmaterial zusammen, das die DNA braucht, um sich zu reproduzieren.

Wir wissen, wie gesagt, (noch) nicht, wann DNA-Moleküle zum ersten Mal auftraten. Da kaum damit zu rechnen ist, dass ein DNA-Molekül durch Zufallsfluktationen entsteht, hat man gelegentlich behauptet, das Leben sei von außerhalb auf die Erde gelangt – etwa durch einen Gesteinsbrocken, der sich vom Mars gelöst habe, als die Planeten noch instabil waren -, und es schwebten noch viele Lebenskeime durch unsere Galaxis. Allerdings dürfte es der DNA kaum gelingen, die Strahlung im All lange zu überleben.

Wenn die Entstehung von Leben auf einem gegebenen Planeten sehr unwahrscheinlich ist, könnte man erwarten, dass es dazu sehr lange braucht. Genauer, man könnte davon ausgehen, dass das Leben gerade noch rechtzeitig für die nachfolgende Evolution erscheint, aus der intelligenten Lebnsformen wie die unsere hervorgehen – bevor die Sonne sich aufbläht und die Erde verschlingt. Das Zeitfenster, in dem dies geschehen könnte, entspricht der Lebensdauer der Sonne – also etwa zehn Milliarden Jahren. Eine intelligente Lebensform könnte bis ins dahin die Raumfahrt soweit beherrschen, dass sie die

Möglichkeit hätte, aiuf einen anderen Stern zu fliehen. Andernfalls wäre das Leben auf der Erde zum Untergang verurteilt.
Fossile Belege lassen darauf schließen, dass vor rund dreieinhalb Milliarden Jahren erste Lebensformen die Erde bevölkerten. Möglicherweise war das nur rund 500 Millionen Jahre, nachdem die Erde für die Entwicklung von Leben stabil und kühl genug war. Aber es hätte sieben Milliarden Jahre dauern können, bis sich Leben entwickelte. Und dann wäre noch genügend Zeit geblieben, um Lebewesen wie uns Menschen zu entwickeln, die nach dem Ursprung des Lebens fragen können. Wenn die Wahrscheinlichkeit für die Entwicklung von Leben auf einem Planeten sehr gering ist, warum ist es dann auf der Erde in etwa einem Vierzehntel der zur Verfügung stehenden Zeit geschehen? Das frühe Auftreten von Leben auf der Erde lässt vermuten, dass es unter geeigneten Bedingungen gute Aussichten auf Spontanerzeugung von Leben auf der Erde gibt. Vielleicht gab es einige einfache Organisationsformen, die die DNA entwickelten. Sobald die DNA vorhanden war, erwies sie sich wahrscheinlich als so erfolgreich, dass sie alle früheren Formen vollständig ersetzte. Wir wissen nicht, wie diese früheren Formen beschaffen waren, aber eine Möglichkeit wäre, dass es die RNA, die Ribonukleinsäure, war. Die RNA ähnelt der DNA, ist aber einfacher und besitzt nicht die Form der Doppelhelix. Kurze RNA-Sequenzen könnten sich wie die DNA reproduziert und schließlich sich zu dieser entwickelt haben. Im Labor können wir aus nicht lebendem Material keine Nukleinsäure herstellen, von der RNA ganz zu schweigen. Doch wenn 500 Millionen Jahre zur Verfügung stehen und Ozeane den größten Teil der Erde bedecken, könnte durchaus die Wahrscheinlichkeit bestehen, dass die RNA durch einen Zufall hervorgebracht wurde. Bei der Selbstreproduktion der DNA kam es zu zufälligen Fehlern, von denen viele schädlich waren und ausstarben. Manche blieben neutral – sie wirkten sich nicht auf die Funktion des

Gens aus. Und einige wenige Fehler erwiesen sich als für das Überleben der Art vorteilhaft – diese wurden von Darwins natürlicher Selektion ausgewählt.

Der biologische Evolutionsprozess verlief zunächst sehr langsam. Er brauchte zweieinhalb Milliarden Jahre, um sich von den frühesten Zellen zu mehrzelligen Tieren zu entwickeln. Aber es dauerte weniger als eine Milliarde Jahre, bis sich einige von ihnen zu Fischen und einige von Fischen zu Säugtieren entwickelten. Dann scheint sich die Revolution nochmals beschleunigt zu haben. Es dauerte nur etwa 100 Millionen Jahre, bis wir uns aus denn Säugetieren entwickelten. Der Grund für diese Beschleunigung: Fische enthalten bereits die meisten wichtigen Organe des Menschen – und Säugetiere im Wesentlichen alle. Was für die Evolution von frühen Säugetieren wie den Lemuren zum Menschen brauchte, war lediglich ein bisschen Feinabstimmung. Doch mit der menschlichen Spezies erreichte die Evolution ein kritisches Stadium, in seiner Bedeutung mit der Entwicklung der DNA vergleichbar. Entscheidend war die Entstehung der Sprache, vor allem der Schriftsprache. Dank ihrer lassen sich Informationen von einer Generation auf die nächste übertragen, ohne dass es dazu eines genetischen Weges mittels der DNA bedarf. In den 10000 Jahren dokumentierter Geschichte hat es einige nachweisbare Veränderungen in der menschlichen DNA gegeben, für die die biologische Evolution verantwortlich ist, aber das Wissen, das in diesem Zeitraum von Generation zu Generation weitergegeben wurde, ist beispiellos angewachsen. Ich habe Bücher geschrieben, um Ihnen mitzuteilen, was ich in einer langen Laufbahn als Wissenschaftler in Erfahrung gebracht habe, und dabei habe ich bestimmte Erkenntnisse aus meinem Gehirn auf die Seiten der Bücher übertragen, damit Sie es lesen können.

Die DNA des Menschen enthält ungefähr drei Milliarden Basenpaare an Nukleinsäuren. Doch ein großer Teil der in der Sequenz codierten

Informationen ist redundant oder inaktiv. Infolgedessen beträgt die Gesamtmenge der nützlichen Informationen in unseren Genen wahrscheinlich rund 100 Millionen Bits. Ein Bit Informationen ist die Antwort auf eine Ja-nein-Frage. Verglichen damit dürfte ein Paperback-Roman etwa zwei Millionen Informationsbits enthalten. So gerechnet , entspricht ein Mensch ungefähr 50 Harry-Potter-Büchern, während eine große Nationalbibliothek rund fünf Millionen Bücher enthalten kann – oder rund zehn Billionen Bits. Die Informationsmenge, die in Büchern oder über das Internet verbreitet wird, ist 100 000 – mal so groß wie die in der DNA. Noch wichtiger ist, dass die Information in Büchern viel rascher verändert und aktualisiert werden können. Wir Menschen haben mehrere Millionen Jahre gebraucht, um uns aus den Affen zu entwickeln. Während dieser Zeit haben sich die nützlichen Informationen unserer DNA nur um einige Millionen Bits verändert, woraus folgt, dass die biologische Evolutionsrate im Menschen ungefähr ein Bit pro Jahr beträgt. Im Gegensatz dazu werden jedes Jahr etwa 50 000 neue Bücher in englischer Sprache veröffentlicht, die an die 100 Millionen Informationsbits enthalten dürften. Natürlich ist die große Mehrheit dieser Informationen Müll und von keinerlei Nutzen für irgendeine Lebensform. Doch selbst unter diesen Umständen ist die Rate, mit der nützliche Informationen hinzugefügt werden können, millionen-, wenn nicht sogar milliardenfach höher als im Fall der DNA. Daraus folgt, dass wir in eine neue Informationsphase eingetreten sind. Zunächst vollzog sich die Evolution mittels der natürlichen Selektion – durch Zufallsmutationen. Diese darwinistische Phase dauerte nur dreieinhalb Milliarden Jahre und brachte uns hervor, Lebewesen, die die Sprache entwickelten, um Informationen auszutauschen. Doch seit etwa 10 000 Jahren befinden wir uns in einem Abschnitt unserer menschlichen Evolution, den man als interne Übergangsphase bezeichnen könnte. In dieser Phase haben sich die internen Informationsaufzeichnungen, die mittels DNA an nachfolgende Generationen übermittelt werden, ein wenig verändert. Die externen Aufzeichnungen hingegen – in Büchern und anderen dauerhaften Speicherformen – haben sich in riesigem Umfang vermehrt. Manche Wissenschaftler verwenden den Begriff „Evolution“ nur für intern übermitteltes genetisches Material und wenden sich entschieden dagegen, dass er auch auf extern weitergegebene Informationen ausgedehnt wird. Meiner Ansicht nach ist dies eine zu begrenzte Sichtweise. Wir sind mehr als nur unsere Gene. Möglicherweise verfügen wir nicht über größere Körperkraft oder mehr angeborene Intelligenz als unsere Vorfahren, die in Höhlen wohnten. Doch was uns von ihnen unterscheidet, ist das Wissen, das wir während der vergangenen 10 000 – und insbesondere der letzten 300 Jahre zusammengetragen haben. Ich halte es für legitim, unsere Perspektive etwas auszuweiten und neben der Information, die durch die DNA weitergegeben werden, auch die extern übermittelten Informationen zur Evolution des Menschen zu rechnen.

Die Zeitskala für die Evolution, bezogen auf die Periode der externen Informationsvermittlung, ist die Zeitskala für die Akkumulation von Informationen. Während es früher gewöhnlich um hunderte oder sogar tausende von Jahren ging, ist diese Zeitskala heute auf rund 50 Jahre zurückgegangen. Andererseits hat sich die evolutionäre Entwicklung der Gehirne, mit denen wir diese Informationen verarbeiten, nur auf der darwinistischen Skala vollzogen. Dieser Umstand verursacht allmählich Probleme. Im 18.Jahrhundert soll es einen Mann gegeben haben, der jedes bis dahin geschriebene Buch gelesen hatte. Doch wenn Sie heute Tag für Tag ein Buch lesen, brauchten Sie etliche 10 000 Jahre, um alle Bücher in einer Nationalbibliothek zu lesen. Bis zu diesem Zeitpunkt wären schon viel mehr Bücher geschrieben worden.

Daraus folgt, dass niemand mehr als einen winzigen Ausschnitt des menschlichen Wissens bewältigen kann. Die Menschen müssen sich auf immer schmalere Bereiche spezialisieren. Wahrscheinlich wird es in Zukunft eine unserer Haupteinschränkungen sein. Wir werden sicher nicht mehr lange mit dieser exponentiellen Wachstumsrate des Wissens fortfahren können, die wir in den vergangenen 300 Jahren erlebt haben. Eine noch größere Einschränkung und Gefahr für künftige Generationen ist die Tatsache, dass wir immer noch Instinkte – insbesondere aggressive Triebe – haben, die wir als Höhlenmenschen entwickelten. Aggresionen, bei denen Männer unterworfen oder getötet und ihnen ihre Frauen und Nahrungsmittel geraubt werden, führten zweifellos bis in die Gegenwart zu Überlebensvorteilen. Doch heute können solche Aggressionen die ganze Menschheit und große Teile des sonstigen Lebens auf der Erde vernichten. Ein Atomkrieg ist immer noch die größte unmittelbare Gefahr. Aber es gibt auch andere Bedrohungen, etwa die Freisetzung eines gentechnisch erzeugten Virus. Oder den Treibhauseffekt, der außer Kontrolle gerät.

Uns bleibt keine Zeit, darauf zu warten, dass die darwinistische Evolution aus uns intelligentere und gutartige Wesen macht. Wir treten jetzt aber in eine neue Phase ein, die man die selbst-designte Evolution nennen könnte: Wir werden in der Lage sein, unsere DNA selbst zu verändern und zu verbessern. Die DNA haben wir nun kartiert, was bedeutet, dass wir das „Buch des Lebens" gelesen haben, sodass wir jetzt damit beginnen können unsere Korrekturen einzufügen. Zunächst werden sich diese Korrekturen darauf beschränken, genetische Defekte zu reparieren – etwa Mukoviszidose und Muskelschwund, Erkrankungen, die durch einzelne Gene verursacht werden und daher leicht zu identifizieren und zu korrigieren sind. Für andere Eigenschaften ist wahrscheinlich eine Vielzahl von Genen verantwortlich, daher wird es viel schwieriger sein, sie zu bestimmen und die Beziehungen zwischen ihnen zu ermitteln. Trotzdem bin ich sicher, dass die Menschen während des nächsten Jahrhunderts

entdecken werden, wie man Intelligenz und Instinkte – etwa den Aggressionstrieb – modifizieren kann.
Wie ich an anderer Stelle gesagt habe, wird man wahrscheinlich Gesetze gegen die gentechnische Veränderung von Menschen erlassen. Aber einige Forscher werden der Versuchung nicht widerstehen können, die menschlichen Fähigkeiten zu verbessern, etwa das Gedächtnis, die Krankheitsresistenz und die Lebenserwartung. Sobald die ersten Musterexemplare dieser „Übermenschen" auftauchen, wird es erhebliche politische Probleme mit den Menschen geben, die nicht verbessert und verändert sind und folglich nicht mehr konkurrenzfähig sein werden. Sie werden vermutlich aussterben oder zur Bedeutungslosigkeit verurteilt sein. Ein Geschlecht von Lebewesen wird den Ton angeben, das sich selbst designt und sich in immer rascheren Tempo optimiert. Wenn es der menschlichen Spezies gelingt, sich ein völlig neues Gen-Design zuzulegen, um das Risiko der Selbstvernichtung zu verringern oder zu beseitigen, wird diese Spezies sich wahrscheinlich ausbreiten und andere Planeten und Sterne besiedeln. Doch Raumfahrt über große Entfernungen werden für chemisch basierte Lebensformen, die, wie wir, von der DAN abhängig sind, sehr schwierig sein. Die natürliche Lebenserwartung solcher Geschöpfe ist im Vergleich zur Reisezeit kurz. Nach der Relativitätstheorie kann nichts schneller sein als das Licht, daher würde die Hin- und Rückkehr zum nächsten Stern mindestens acht Jahre dauern und die Fahrt zum Zentrum der Milchstrasse rund 50 000 Jahre.
In der Science-Fiction überwinden die Protagonisten diese Schwierigkeit durch Raumkrümmung oder indem sie Abkürzungen durch Extradimensionen nehmen. Aber das wird meiner Meinung nach nie möglich sein, egal wie intelligent das Leben noch werden wird. Nach der Relativitätstheorie kann man auch in der Zeit zurückreisen, wenn man schneller als das Licht ist. Das würde zu Problemen führen, weil die Menschen, die in der Zeit zurückreisen, die Vergangenheit

verändern könnten. In diesem Fall hätten wir wohl schon viele Touristen aus der Zukunft gesehen, die gekommen wären, um unsere kuriose altmodische Welt neugierig in Augenschein zu nehmen. Es könnte möglich sein, mithilfe der Gentechnik DNA-basiertem Leben eine unendliche oder zumindest 100 000-jährige Lebensdauer zu verschaffen. Leichter wäre es allerdings – und für uns durchaus schon machbar-, Maschinen zu schicken. Diese ließen sich so konstruieren, dass ihre Betriebsdauer auch interstellare Reisen überstünde.

Wenn sie einen neuen Stern erreichten, könnten sie auf einem geeigneten Planeten landen und die Bodenschätze abbauen, die sie brauchten, um weitere Maschinen zu bauen, die dann ihrerseits zu neuen Sternen aufbrechen könnten. Diese Maschinen wären dann eine neue Lebensform, die aus mechanischen und elektronischen Komponenten bestünde statt aus Makromolekülen. Sie könnten schließlich das DNA-basierte Leben ersetzen, so wie die DNA einst frühere Lebensformen ersetzt hat.

Wie groß die Wahrscheinlichkeit, dass wir außerirdischen Lebensformen begegnen, wenn wir die Milchstrasse erkunden? Falls richtig ist, was wir über die Zeitskala für die Entwicklung auf der Erde gesagt haben, müsste es viele Sterne geben, deren Planeten Leben hervorgebracht haben. Einige dieser Sternsysteme könnten sich fünf Milliarden Jahre vor der Erde gebildet haben. Warum wimmelt es also in unserer Galaxis nicht von Lebensformen, die sich selbst mechanisch oder biologisch designen? Warum ist die Erde noch nicht besucht oder kolonisiert worden? Nebenbei gesagt, ich lasse alle Behauptungen außer Acht nach denen Ufos Wesen aus dem All enthalten könnten, da ich denke, dass die Besuche von Außerirdischen sehr viel auffälliger – und wahrscheinlich sehr viel unangenehmer – wären.

Warum also haben wir noch keinen Besuch gehabt? Möglicherweise ist die Wahrscheinlichkeit der spontanen Entstehung von Leben so gering, dass die Erde der einzige Planet in der Milchstrasse – oder im beobachteten Universum – ist, auf dem dieses Ereignis stattgefunden hat. Eine andere Möglichkeit wäre, dass es eine realistische Wahrscheinlichkeit für die Bildung sich selbst produzierender Systeme, wie etwa Zellen, gibt, aber dass die meisten dieser Lebensformen keine Intelligenz entwickeln. Wir halten intelligentes Leben für eine unausweichliche Folge der Evolution, aber was wäre, wenn es sich anders verhielte? Das Anthropische Prinzip zeigt, dass wir uns vor solchen Argumenten hüten sollten. Es ist eher wahrscheinlich, dass die Evolution ein Zufallsprozess ist, in dem die Intelligenz nur eines von einer großen Zahl möglicher Resultate darstellt.

Es steht noch nicht einmal fest, dass die Intelligenz irgendeinen langfristigen Überlebenswert hat. Bakterien und andere einzellige Organismen könnten noch leben, wenn längst andere Leben auf der Erde durch menschliches Handeln ausgelöscht wäre. Vielleicht war die Intelligenz ein höchst unwahrscheinliches Ereignis in der Entwicklung des Lebens auf der Erde, geht man von der Chronologie der Evolution aus, die sehr viel Zeit brauchte – zweieinhalb Milliarden Jahre -, um von den einzelligen zu den mehrzelligen Lebewesen zu gelangen, die eine notwendige Vorstufe der Intelligenz sind. Das ist ein beträchtlicher Bruchteil der Zeitspanne , die zur Verfügung steht, bis die Sonne sich aufbläht. Es entspräche der Hypothese, nach der die Wahrscheinlichkeit, dass das Leben Intelligenz entwickelt, gering ist. In diesem Fall dürften wir erwarten, viele andere Lebensformen in der Milchstrasse zu finden, hätten aber kaum eine Chance, auf intelligentes Leben zu stoßen. Eine weitere Möglichkeit wäre, dass das Leben in der Entwicklung zu einem intelligenten Stadium durch die Kollision eines Asteroiden oder Kometen mit dem betreffenden Planeten gehindert würde. Im Juli 1947 haben wir die Kollision des Kometen Shoemaker-Levy mit Jupiter beobachtet. Der Zusammenprall erzeugte eine Reihe enormer Feuerkugeln. Nach allgemeiner Überzeugung war vor rund 66 Millionen Jahren der Einschlag eines erheblich kleineren Himmelskörpers auf der Erde für das Aussterben der Dinosaurier verantwortlich. Einige kleine Frühformen der Säugetiere überlebten, doch alles, was die Körpergröße eines Menschen hatte oder noch größer war, wurde mit an Sicherheit grenzender Wahrscheinlichkeit ausgelöscht. Es lässt sich nur schwer sagen, wie oft solche Kollisionen vorkommen, aber realistisch geschätzt kann man im Durchschnitt alle 20 Millionen Jahre mit einem solchen Ereignis rechnen. Wenn dies zutrifft, hätte sich intelligentes Leben auf der Erde nur Dank des glücklichen Umstands ausgebildet, dass es in den vergangenen 66 Millionen Jahren keinen Einschlag mehr gegeben hat. Andere Planeten in der Milchstraße, auf denen sich Leben entwickelte, hatten möglicherweise keine kollisionsfreie Perioden, die so lang waren, das sich intelligente Lebewesen entwickeln konnten. Eine dritte Möglichkeit wäre, dass sich Leben zwar mit eine Wahrscheinlichkeit bildet und zu intelligenten Formen entwickeln, dass aber das System instabil wird und das intelligente Leben sich selbst zerstört. Das wäre eine äußerst pessimistische Schlussfolgerung, deshalb hoffe ich sehr, dass sie nicht zutrifft.

Die vierte Möglichkeit ist mir die liebste: Es gibt da draußen andere intelligente Lebensformen, aber sie haben uns bislang übersehen. Im Jahr 2015 war ich daran beteiligt, die Breakthrough Initiatives anzubahnen, ein Programm zur wissenschaftlichen und technologischen Erforschung, das mindestens zehn Jahre dauern wird. Breakthrough Listen nutzt den Empfang der Radiowellen um nach intelligenten außerirdischen Leben zu suchen. Und mit modernsten Einrichtungen, 100 Millionen Dollar an Finanzmitteln und Tausenden von Stunden Teleskopzeit ist Breakthrough Listen das größte wissenschaftliche Forschungsvorhaben, das jemals durchgeführt wurde, um Beweise für die Zivilisation jenseits der Erde zu finden. Breakthrough Message ist ein internationaler Wettbewerb, um Botschaften abzufassen,

die von einer Hochkultur gelesen werden können. Doch sollten wir erst antworten, wenn wir uns ein wenig weiter entwickelt haben. Wenn wir in unserem gegenwärtigen Stadium mit einer höher entwickelten Zivilisation zusammenträfen, könnte es uns ergehen wie den amerikanischen Ureinwohnern bei der Begegnung mit Kolumbus – und ich glaube nicht, dass die Indianer darüber besonders glücklich waren.
Wenn es außerhalb der Erde intelligentes Leben gäbe, wäre es dann den Formen, die wir kennen, ähnlich oder anders?

Gibt es intelligentes Leben auf der Erde? Aber im Ernst, wenn anderswo intelligentes Leben wäre, müsste es in großer Entfernung von uns existieren, weil es sonst die Erde schon längst besucht hätte. Und ich denke, wir hätten es bemerkt, wenn wir Besuch bekommen hätten; es wäre wie im Film Independence Day.

Meinung anderer Wissenschaftler und des Autors:
Wissenschaftler behaupten, dass es in absehbarer Zeit möglich sei, zu sagen, ob es außeririsches Leben gibt.
Spätestens eine neue Generation von Teleskopen soll die entscheidenden Hinweise liefern.
Die Europäische Südsternwarte baut derzeit in Chile das "Extremely Large Telescope". Es soll bis 2024 fertig gestellt sein und mit seinem fast 20 Meter breiten Spiegel noch bessere Daten über das Weltall liefern.

Kissler-Patig, Astronom am wissenschaftlichen Hauptquartier der Südsternwarte in Garching bei München, hat mitgearbeitet am Aufbau des "Extremely Large Telescope" (ELT) auf dem Gipfel des Cerro Armazones in Chile. Mit einem Spiegeldurchmesser von fast 20 Metern soll es das größte Teleskop der Welt sein. Es soll unter

anderem mehr Information zu den Atmosphären bereits entdeckter Planeten außerhalb des Sonnensystems liefern und damit Antworten darüber, ob es dort Leben gibt.
Die Menschheit fahndet bereits seit über 30 Jahren mit einigem wissenschaftlichen Aufwand nach Hinweisen auf Außerirdische, bislang jedoch ohne Erfolg. Das US-amerikanische SETI-Institut etwa lauscht seit 1984 nach Funksignalen aus dem All, die Hinweise auf außerirdische Technologie geben sollen.

Damit wurde die Suche aber eingeschränkt auf intelligente Lebensformen, die eine ähnliche Technologie verwenden, wie die Menschen, "und uns vielleicht etwas zu funken", sagt Kissler-Patig. In den 1960ern und 70ern sei dieser Ansatz sehr inspirierend gewesen. "Es hat dazu geführt, dass Astrobiologie-Programme entwickelt wurden und dass die NASA die Suche nach Leben zu ihrer Aufgabe machte", sagt er. Es war allerdings sehr gewagt, anzunehmen, es gebe eine Menschen-ähnliche Zivilisation, die auch in genau dann mit uns kommuniziere, wenn wir ihr zuhören könnten. "Dennoch war das ein wichtiger erster Schritt und bis in die 1990er Jahre auch unsere einzige Chance, Leben jenseits des Sonnensystems zu finden."
Inzwischen hat sich der Fokus verschoben, weil optische Teleskope wieder die wichtigsten Instrumente der Forschung wurden. Mit ihrer Hilfe haben Wissenschaftler in den vergangenen 20 Jahren über 3000 Exoplaneten entdeckt. Seit rund zehn Jahren können die Forscher bestimmen, wie groß die Planeten sind, ob sie aus Gas bestehen oder – wie die Erde – Gesteinsplaneten sind.
Von etwa 50 dieser Himmelskörper wissen die Astronomen inzwischen auch, dass sie sich in der sogenannten bewohnten Zone befinden. Das bedeutet, ihr Abstand zu dem Stern des jeweiligen Systems ist genau so groß, dass die Temperaturen auf der Oberfläche Wasser

im flüssigen Zustand ermöglichen. Dort könnten also Lebewesen vorkommen, die wie wir Wasser für den Stoffwechsel nutzen.
Bislang werden die Astronomen aber meist vom Licht der Sterne noch zu stark geblendet. Die kommenden, deutlich größeren Teleskope wie das ELT sollen mehr Unterscheidungen zwischen Stern und vorüberfliegendem Planeten ermöglichen und dadurch neue Erkenntnisse bringen, etwa über die Atmosphäre der fernen Erden. Die zentralen Fragen sind: Gibt es dort wirklich Wasser und welche Gase kommen in der Atmosphäre vor.
Gerade die Gase könnten die stärksten Hinweise auf außerirdisches Leben geben, erklärt Kissler-Patig. "Im Moment ist Sauerstoff und das dazu gehörende Ozon unser bester Kandidat. Es kann nur dann in den Mengen in der Atmosphäre vorkommen, wenn es biologische Prozesse wie Photosynthese gibt", sagt er.
Grund dafür ist die Reaktionsfreudigkeit von Sauerstoff, etwa mit Eisen. "Jede Fahrradkette rostet, wenn sie an die Luft gelassen wird, jedes Gestein auch." Das Gas muss also praktisch von Pflanzen ständig nachgefüllt werden, damit die aktuell auf der Erde gemessenen Konzentrationen überhaupt auftreten können.
Allerdings sind auch vollkommen andere Arten von Leben denkbar, beispielsweise auf der Basis von Silizium statt Kohlenstoff. Und auch auf der Erde haben sich die Spuren des Lebens vollkommen verändert, vor 4,5 Milliarden Jahren waren sie völlig anders, als heute. Deshalb fahnden die Astronomen generell nach chemischen Ungleichgewichten in den Atmosphären von Exoplaneten, die sich nicht allein mit geologischen Vorgängen erklären lassen.
Potenzielle Kandidaten für Leben unter den bereits bekannten Exoplaneten gibt es genug. Finden die Wissenschaftler auch mit den neuen Instrumenten keine Hinweise, sei das aber auch eine wichtige Erkenntnis, sagt Markus Kissler-Patig. "Dann wissen wir, dass wir auf unseren Planeten noch besser Acht geben müssen."

Kapitel 4

KÖNNEN WIR DIE ZUKUNFT VORHERSAGEN?

Stehen Hawking:
Früher muss die Welt den Menschen ziemlich willkürlich erschienen sein.

Katastrophen wie Überschwemmungen, Seuchen, Erdbeben oder Vulkanausbrüche sind, so schien es ihnen, ohne Vorwarnung und ohne erkennbaren Grund über sie hereingebrochen. Lange Zeit schrieb man solche Naturerscheinungen einem Pantheon von Göttern zu, die sich launisch und unberechenbar verhielten. Beim besten Willen ließ sich nicht vorhersagen, was sie tun würden. Die einzige Hoffnung der Menschen lag darin, die Gunst der Götter durch Opfergaben oder entsprechende Handlungen zu gewinnen. In gewisser Weise praktizieren viele Menschen diesen Glauben heute noch, indem sie versuchen, einen Pakt mit dem Glück zu schließen. Sie geloben, sich besser zu benehmen oder liebenswürdiger zu sein, wenn sie in einem Kurs eine Eins bekommen oder ihre Fahrprüfung bestehen.

Allmählich müssen die Menschen aber gewisse Regelmäßigkeiten im Verhalten der Natur bemerkt haben, die sich am deutlichsten in den Bewegungen der Himmelskörper zeigten. So kam es, dass sich die Astronomie als erste Wissenschaft entwickelte. Vor mehr als 300 Jahren wurde sie von Newton auf eine so verlässliche mathematische Grundlage gestellt, dass wir noch heute die Bewegung fast aller Himmelskörper mithilfe seiner Gravitationstheorie vorhersagen. Dem Beispiel der Astronomie folgend, fand man heraus, dass auch andere Naturerscheinungen exakten wissenschaftlichen Gesetzen gehorchen. Das führte zur Idee des wissenschaftlichen Determinismus, die der französische Wissenschaftler Pierre-Simon Laplace offenbar zum ersten Mal öffentlich formulierte. Laplace würde ich Ihnen gerne wörtlich zitieren, aber leider hat er eine gewisse Ähnlichkeit mit Proust: Seine Sätze sind extrem lang und kompliziert. Daher habe ich beschlossen, sie mit eigenen Worten wiederzugeben: Wenn wir zu einem gegebenen Zeitpunkt die Positionen und die Geschwindigkeiten aller Teilchen im Universum kennen würden, schrieb Laplace, wären wir in der Lage, ihr Verhalten zu jedem Zeitpunkt in der Vergangenheit oder Zukunft zu berechnen.

Nach einer nicht belegten Anekdote fragte Napoleon den Wissenschaftler, wie Gott in sein System passe, woraufhin Laplace erwiderte: „Sire, diese Hypothese habe ich nicht benötigt“. Sicherlich wollte Laplace damit nicht behaupten, Gott existiere nicht, sondern nur, dass er nicht eingreife, um die wissenschaftlichen Gesetze zu brechen. Diese Ansicht müsste eigentlich jeder Wissenschaftler vertreten. Ein wissenschaftliches Gesetz ist kein wissenschaftliches Gesetz, wenn es nur gilt, solange ein übernatürliches Wesen beschließt, die Dinge laufen zu lassen und nicht zu intervenieren.

Seit Laplace ist die Ansicht, der Zustand des Universums zu einem bestimmten Zeitpunkt bestimme die Zustände aller Zeiten, einer der zentralen Grundsätze der Naturwissenschaften. Daraus folgt, dass wir, zumindest im Prinzip, die Zukunft vorhersagen können. In der Praxis ist diese Fähigkeit jedoch erheblich eingeschränkt, zum einen, weil die Gleichungen sehr komplex werden, und zum anderen, weil sie oft eine Eigenschaft haben, die wir Chaos nennen. Wie jeder weiß, der den Film Jurassic Park gesehen hat, ist damit gemeint, dass eine winzige Störung an einem Ort weitreichend Veränderungen an einem anderen hervorrufen kann. Der Flügelschlag eines Schmetterlings in Australien kann einen Regenguss im New Yorker Central Park auslösen. Dieser Vorgang, darin liegt die Schwierigkeit, ist nicht wiederholbar. Wenn der Schmetterling das nächste Mal mit den Flügeln schlägt, werden eine Vielzahl anderer Bedingungen herrschen, was das Wetter ebenfalls beeinflussen kann, aber diesmal anders. Wegen dieses Chaosfaktors sind Wettervorhersagen so unzuverlässig.

Trotz dieser praktischen Schwierigkeiten blieb der wissenschaftliche Determinismus das offizielle Dogma des 19. Jahrhunderts. Im 20. Jahrhundert gab es zwei Entwicklungen, die zeigten, dass Laplaces Vorstellung von einer vollständigen Vorhersage der Zukunft nicht haltbar ist. Die erste Theorie war die sogenannte Quantenmechanik. Im Jahr 1900 stellte sie der deutsche Physiker Max Planck als Adhoc-Hypothese auf, um ein auffälliges Paradox zu lösen. Nach den bis zu Laplace zurückreichenden klassischen Theorien des 19. Jahrhunderts gibt ein heißer Körper, etwa ein Stück rotglühendes Metall Strahlung ab. Es verliert Energie in Form von Radiowellen, Infrarotlicht, sichtbarem Licht, ultraviolettem Licht, Röntgenstrahlen und Gammastrahlen, alle von der gleichen Stärke. Das bedeutet, wenn wir dem Determinismus folgen, nicht nur, dass wir alle an Hautkrebs sterben würden, sondern auch, dass alles im Universum die gleiche Temperatur hätte, was offensichtlich nicht der Fall ist. Freilich zeigte Planck, dass sich diese Katastrophe vermeiden lässt, wenn man auf die Vorstellung verzichtet, die Strahlungsmenge könne jeden Wert annehmen, und stattdessen davon ausgeht, die Strahlung werde nur in Päckchen oder Quanten einer bestimmten Größe abgegeben – etwa so, als stellte man fest, dass sich Zucker im Supermarkt nicht lose kaufen lässt, sondern in Kilotüten. Die Energie in den Päckchen oder Quanten ist beim ultravioletten Licht und bei Röntgenstrahlen höher als bei infraroten oder sichtbaren Licht. Daraus folgt: Wenn ein Körper nicht so heiß ist – wie beispielsweise die Sonne -, dann hat er auch nicht genügend Energie, um auch nur ein einziges Quantum ultraviolettes Licht oder Röntgenstrahlung abzugeben. Aus diesem Grund bekommen wir von einer Tasse Kaffee keinen Sonnenbrand.

Planck hielt die Quantenhypothese nur für einen mathematischen Trick ohne irgendeine physikalische Wirklichkeit, was immer das heißen mag. Doch die Physiker entdeckten andere Verhaltensweisen, die sich nur durch Größen erklären ließen, die diskrete oder gequantelte und keine kontinuierliche veränderliche Werte hatten. Beispielsweise fand man heraus, dass Elementarteilchen sich wie kleine Kreisel verhalten, die um eine Achse rotieren. Wir bemerken nicht, dass ein normaler Kreisel sich tatsächlich in einer raschen Folge diskreter – das heißt gesonderter – Schritte und nicht kontinuierlich verlangsamt. Doch bei Kreiseln, die so klein wie Atome sind, spielt der diskrete Charakter eine wichtige Rolle. Es dauere einige Zeit, bis den Forschern klar wurde, was dieses Quantenverhalten für den Determinismus bedeutete. Erst 1925 wies Werner Heisenberg, ein weiterer deutscher Physiker, darauf hin, dass man nicht gleichzeitig die exakte Position und Geschwindigkeit eines atomaren Teilchens messen kann.

Um zu sehen, wo sich ein Teilchen befindet, muss man einen Lichtstrahl darauf richten. Doch nach Plancks Hypothese kann man keine beliebige Lichtmenge dazu verwenden: Es muss mindestens ein Quantum sein. Dieses aber wird das Verhalten des Teilchens stören und seine Geschwindigkeit in einer Weise verändern, die wir nicht vorhersagen können. Um die Position des Teilchens genau zu bestimmen, muss man kurzwelliges Licht verwenden – ultraviolettes Licht, Röntgenstrahlen oder Gammastrahlen. Doch auch hier sagt uns Plancks Hypothese, dass Quanten dieses nicht sichtbaren Lichtes höhere Energien besitzen als die Quanten des sichtbaren Lichtes. Daher werden diese Lichtquanten die Geschwindigkeit des Teilchens noch stärker stören. Das ist eine No-win-Situation: Je genauer wir versuchen, die Position des Teilchens zu messen, desto weniger genau können wir die Geschwindigkeit in Erfahrung bringen, und umgekehrt.

Diese Erkenntnis fasste Heisenberg in seiner Unschärferelation zusammen: Die Ungewissheit der Position eines Teilchens mal der Ungewissheit seiner Geschwindigkeit ist immer größer als die sogenannte Planck-Konstante geteilt durch die Masse des Teilchens.
Laplaces Entwurf des wissenschaftlichen Determinismus setzt voraus, man könne die Positionen und Geschwindigkeiten der Teilchen im Universum zu einem bestimmten Zeitpunkt genau kennen. Diesem Determinismus wurde durch Heisenbergs Unschärferelation die Grundlage entzogen. Wie sollte man die Zukunft vorhersagen, wenn man zum gegenwärtigen Zeitpunkt nicht die Positionen und Geschwindigkeiten von Teilchen genau messen konnte? Egal, wie leistungsfähig Ihr Computer ist, wenn Sie lausige Daten eingeben, werden Sie lausige Vorhersagen herausbekommen.
Einstein war sehr unglücklich über den scheinbaren Zufallscharakter der Natur. Seine Auffassung fasste er in dem berühmten Ausspruch zusammen: „Gott würfelt nicht". Er war wohl der Ansicht, diese Ungewissheit sei vorläufig; dahinter verberge sich eine Wirklichkeit, in der Teilchen genau definierte Positionen und Geschwindigkeiten hätten und sich ganz im Geist der Laplaceschen Gesetze deterministisch verhielten. Diese Wirklichkeit mag Gott bekannt sein, aber die Quantenbeschaffenheit des Lichtes hindert uns daran, sie zu sehen.
Einsteins Auffassung würde man heute als eine Theorie mit verborgenen Variablen bezeichnen. Solche Theorien bieten die ideale Möglichkeit, die Unschärferelation in die Physik einzugliedern. Sie sind die Grundlage der Vorstellung, die sich viele Wissenschaftler und fast alle Wissenschaftsphilosophen vom Universum machen.
Aber diese Theorien mit verborgenen Variablen sind falsch. Der britische Physiker John Bell entwarf einen experimentellen Test, der Theorien mit verborgenen Variablen falsifizieren konnte. Als das Experiment mit großer Sorgfalt durchgeführt wurde, widersprachen die Ergebnisse den verborgenen Variablen. Folglich hat es den

Anschein, als wäre selbst Gott an die Unschärferelation gebunden, sodass er nicht gleichzeitig die Position und die Geschwindigkeit eines Teilchens kennen kann. Alle Evidenz lässt darauf schließen, dass Gott ein unverbesserlicher Spieler ist, der bei jeder Gelegenheit zu den Würfeln greift. Andere Wissenschaftler zeigten weit größere Bereitschaft als Einstein, den klassischen Determinismus des 19. Jahrhunderts zu überwinden. Werner Heisenberg, der Österreicher Erwin Schrödinger und der britische Physiker Paul Dirac stellten eine neue Theorie auf: die Quantenmechanik. Dirac war mein Vorvorgänger auf dem Lucasischen Lehrstuhl für Mathematik in Cambridge. Obwohl es die Quantenmechanik schon seit fast 70 Jahren gibt, wird sie noch immer nicht generell verstanden oder gewürdigt, selbst von denen nicht, die sie in ihren Berechnungen verwenden. Dabei betrifft sie uns alle, weil sie ein vollkommen anderes Bild des klassisch-physikalischen Weltraums und der Wirklichkeit selbst vermittelt. Teilchen haben in der Quantenmechanik keine genau definierten Positionen und Geschwindigkeiten. Stattdessen werden sie durch eine sogenannte Wellenfunktion mit einer Zahl für jeden Raumpunkt dargestellt. Die Größe der Wellenfunktion gibt an, mit welcher Wahrscheinlichkeit das Teilchen an dieser Position anzutreffen ist.

Die Rate, mit der sich die Wellenfunktion Punkt zu Punkt ändert, entspricht der Geschwindigkeit des Teilchens. Eine Wellenfunktion kann sehr steile Anstiege in einer kleinen Region aufweisen. Das bedeutet, dass die Ungewissheit in dieser Position klein ist, Aber die Wellenfunktion wird sich in der Nähe des Anstiegs sehr rasch ändern, auf der einen Seite steil nach oben steigen, auf der anderen rasch nach unten fallen. Das heißt, die Ungewissheit der Geschwindigkeit wird groß sein. Entsprechend gibt es Wellenfunktionen, in denen die Ungewissheit der Geschwindigkeit klein, aber die Ungewissheit der Position groß ist.

Die Wellenfunktion enthält alles, was man über das Teilchen wissen kann, seine Position wie seine Geschwindigkeit. Wenn man die Wellenfunktion zu einem bestimmten Zeitpunkt kennt, werden ihre Werte zu anderen Zeitpunkten durch die sogenannte Schrödinger-Gleichung bestimmt. Damit haben wir zwar einen Determinismus, jedoch nicht den von Laplace. Statt in der Lage zu sein, die Positionen und Geschwindigkeiten von Teilchen vorherzusagen, beschränkt sich unser Vermögen auf die Voraussage der Wellenfunktion. Wir können also gerade einmal die Hälfte dessen voraussagen, was nach der klassischen Theorie des 19. Jahrhunderts möglich war.

Obwohl die Quantenmechanik zu Ungewissheit führt, wenn wir versuchen, sowohl die Position wie die Geschwindigkeit vorherzusagen, ermöglicht sie uns immerhin, eine Kombination aus Position und Geschwindigkeit vorherzusagen. Doch selbst dieses Maß an Gewissheit scheint durch neuere Entwicklungen infrage gestellt zu sein. Das Problem entsteht, weil die Gravitation die Raum-Zeit so stark zu krümmen vermag, dass möglicherweise Raumregionen entstehen, die wir gar nicht beobachten können.

Solche Regionen sind das Innere von Schwarzen Löchern. Mit anderen Worten, wir können noch nicht mal im Prinzip die Teilchen in einem schwarzen Loch beobachten. Es gibt keine Möglichkeit, ihre Positionen oder Geschwindigkeiten zu messen. Das wirft die Frage auf, ob damit die Form der Unvorhersagbarkeit ins Spiel kommt, die über die Gewissheit der Quantenmechanik hinausgeht.

Fassen wir zusammen: Die klassische Theorie, die von Laplace begründet wurde, besagte, dass sich die zukünftigen Bewegungen von Teilchen vollständig bestimmen ließen, wenn man ihre Positionen und Geschwindigkeiten zu einem bestimmten Zeitpunkt kannte. Diese Auffassung musste revidiert werden, als Heisenberg seine Unschärferelation entwickelte, nach der man nicht gleichzeitig Position und Geschwindigkeit exakt ermitteln konnte. Doch es war immer noch möglich, eine Kombination aus Position und Geschwindigkeit vorherzusagen. Nun könnte selbst diese begrenzte Vorhersagbarkeit verloren gehen, wenn man schwarze Löcher mit einbezieht.

Erlauben uns die Gesetze des Universums, genau vorherzusagen, was in der Zukunft geschieht?

Die kurze Antwort ist nein und ja. Im Prinzip erlauben uns die Gesetze, die Zukunft vorauszusagen. Aber in der Praxis sind die Berechnungen oft zu schwierig.

Meinung anderer Wissenschaftler und des Autors:
Niemand kann die Zukunft vorhersagen. Die Zukunft ist als Totales Ganzes niemals prognostizierbar. Das ist sicher so gut und auch durchaus logisch. Denn wenn die Zukunft absolut bekannt wäre, gebe es keine. Alles wäre eine einzige Gegenwart, die nie mehr aufhört – Evolution, Wandel, Veränderung, wären somit weitgehend unmöglich. Trotzdem gibt es immer Wissenschaftler, die das Morgen ergründen wollen.
Der kanadische Psychologe Philipp Tetlock beschäftigt sich seit mehr als 30 Jahren, ob und auf welche Weise Prognostische Kompetenz entsteht.
Im Jahre 1987 begann er mit seinem ersten großen Evaluations-Projekt: Er bat 300 Fachleute aus Wirtschaft, Politik, und Wissenschaft um Prognosen über einen Zeitraum von zwanzig Jahren. Tetlock sammelte 27.500 Vorhersagen in Bereichen wie Technologie, Politik, Kriege, Wirtschaftsentwicklung. 2005 zog er in seinem Buch Expert Political Judgement eine nüchterne Bilanz:
Experten sind sauschlechte Prognostiker. Je spezialisierter ein Experte in seinem Fach, desto schlechter war seine Prognose. Und je berühmter, umso noch schlechter. In der öffentlichen Wahrnehmung

wurde Tetlocks Studie eher als Abgesang an Prognosen überhaupt gesehen: Die Welt ist wahrscheinlich zu komplex um etwas über die Zukunft auszusagen. Gibt es so etwas wie prognostische Kompetenz? Und wie kann man sie erlernen. So begann er im Jahre 2011 mit einer neuen Studie, dem „Good Judgement Projekt". Diesmal nutzte er das Internet, und erhöhte die Zahl der Teilnehmer auf 20.000. Jeder Teilnehmer kann nun seine Prognose korrigieren, wenn er fühlt, dass sich die Dinge ändern. Und nicht nur Experten und Koryphäen nehmen teil.

Drei Jahre nach Beginn des Projekts zeichnet sich eine interessante Entwicklung ab. Es gibt tatsächlich Menschen, die die Zukunft besser sehen können als andere. Die „Super-Füchse" oder auch Eulen, die den Kopf in alle Richtungen drehen können. Diese Superprognostiker haben vor allem folgende Eigenschaften:

- Sie sind „taktische Universalisten"

Sie korrigieren ihre Prognosen öfters. Sie arbeiten im Teamwork. Sie lernen schnell aus ihren Irrtümern. Sie kennen die menschlichen Schwächen, verbunden mit Wünschen. Sie arbeiten mit Allegorien in Bezug auf historische Verläufe ohne 1 zu 1 Übertragung. Man kann die Summe dieser Eigenschaften auch als lernendes System darstellen.
Aber wenn man auch noch so viele Eigenschaften bei der Prognose mit berücksichtigt, kann man wissenschaftlich gesehen, Heisenbergs Unschärferelation nicht außer Kraft setzen. Man kann auf Grund dieses Gesetzes nie alles genau kennen, schon gar nicht kann man deshalb die Zukunft daraus ableiten: Heisenberg hat nachgewiesen, dass Berechnungen für die Zukunft nicht möglich sind. Es gibt keinen sogenannten Determinismus. Auch die Mitgestaltung durch den Menschen ist viel freier, als ursprünglich gedacht. Auch er beeinflusst, nicht gering, mit die Zukunft.

Auch ein anderer Wissenschaftler, der Physiker Michio Kaku hat den 300 klügsten Köpfen aus Wissenschaft und Forschung die Frage gestellt. Wie werden wir in 100 Jahren leben?
Seine Meinung: Nein, die Welt wird nicht untergehen. Sie wird sich verändern. In seinem Buch „Die Physik der Zukunft“ verzichtet er auf Weltuntergangsszenarien. Im Gegenteil, der Star-Physiker und Bestsellerautor präsentiert sich als Optimist und glaubt fest daran, dass in 100 Jahren viel mehr Menschen viel besser leben als heute, und dass uns Wissenschaft und Forschung Wege in eine großartige, aufregende, wunderschöne Zukunft weisen können.
Es tut gut, einem Wissenschaftler zu hören, der fest davon überzeugt ist, dass der Mensch mit seinem Instrumentarium in der Lage ist, die fast übermenschlichen Probleme zu lösen.
Wir Menschen haben nichts anderes als unser Gehirn, unsere Vernunft und die Wissenschaft. Das ist schon eine ganze Menge. Wir haben aber auch schon eine ganze Menge Erkenntnis aus unserer Geschichte. Daraus gilt es weiter zu lernen. Wir können und sollen nicht isoliert handeln. Der „Welt-Geist“, das Menschheitsbewusstsein und universelle Bewusstsein fordern ein Miteinander auf unserer Erde. Dies ist dann der Weg in eine bessere Zukunft.

Kapitel 5

WAS BEFINDET SICH IN EINEM SCHWARZEN LOCH

Stephen Hawking:

Fakten sind manchmal phantastischer als Fiktionen. Und das trifft wohl nirgendwo mehr zu als auf Schwarze Löcher. Schwarze Löcher sind seltsamer, sonderbarer und erstaunlicher als alles, was Science-Fiction-Autoren sich ausgedacht haben. Aber bei Schwarzen Löchern handelt es sich zweifellos um wissenschaftliche Fakten.

Im Jahr 1783 erwähnte John Michell, ein Professor in Cambridge, zum ersten Mal Schwarze Löcher und argumentierte folgendermaßen: Wenn man einen Körper – zum Beispiel eine Kanonenkugel – senkrecht nach oben schießt, wird er von der Gravitation abgebremst. Schließlich endet die Aufwärtsbewegung des Körpers, und er fällt zurück. Wenn jedoch die Anfangsgeschwindigkeit nach oben einen bestimmten Wert überschreitet, die sogenannte Entweichgeschwindigkeit, ist die Gravitation nicht in der Lage, einen Körper oder ein Teilchen abzubremsen, und es wird entkommen. Die Flucht – oder Entweichgeschwindigkeit von der Erde beträgt rund elf, von der Sonne etwa 617 Kilometer pro Sekunde. Beide Geschwindigkeiten sind viel größer als die von echten Kanonenkugeln. Aber sie sind gering im Vergleich zur Lichtgeschwindigkeit, die bei 300 000 Kilometer pro Sekunde liegt. Folglich kann das Licht der Erde oder der Sonne ohne große Schwierigkeiten entkommen.

Michell meinte jedoch, es könnte Sterne geben, die sehr viel massereicher als die Sonne wären. Ihre Entweichgeschwindigkeit wäre dann größer als die Lichtgeschwindigkeit. Da alles Licht, das sie abstrahlten von der Gravitation zurückgezogen würde, könnten wir sie nicht sehen. Daher nannte Michell sie Dunkle Sterne, und wir bezeichnen sie heute als Schwarze Löcher. Um Schwarze Löcher zu verstehen, müssen wir mit der Gravitation beginnen. Gravitation wird von Einsteins Allgemeiner Relativitätstheorie beschrieben, die eine Theorie von Zeit, Raum und Gravitation ist. Das Verhalten von Raum und Zeit wird durch eine Reihe von Gleichungen bestimmt, die man als Einstein-Gleichungen bezeichnet und die 1915 von Einstein veröffentlicht wurden. Obwohl die Gravitation bei weitem die schwächste der bekannten Naturkräfte ist, besitzt sie zwei entscheidende Vorteile gegenüber anderen Kräften. Erstens, sie wirkt über große Entfernungen. Die Erde wird von der Sonne, die 150 Millionen Kilometer entfernt ist, in ihrer Bahn gehalten und die Sonne vom Zentrum der Milchstraße über eine Distanz von ungefähr 10 000 Lichtjahren dirigiert. Die Gravitation wirkt – ihr zweiter Vorteil – immer anziehend, im Gegensatz zu den elektrischen Kräften, die entweder anziehend oder abstoßend sein können. Beide Merkmale haben zur Folge, dass sich in einem Stern, der über eine hinreichend große Masse verfügt, die Gravitationsanziehung zwischen den Teilchen gegen alle anderen Kräfte durchsetzt. Dann kann die Gravitationsanziehung einen Gravitationskollaps auslösen. Trotz dieser Fakten dauerte es lange, bis die wissenschaftliche Gemeinschaft erkannte, dass massereiche Sterne unter ihrer eigenen Gravitation zusammenstürzen können, ehe sie darüber nachdachte, wie sich das übrig bleibend Objekt verhalten könnte. Albert Einstein behauptete 1939 in einem Aufsatz, Sterne könnten keinen Gravitationskollaps erleiden, denn Masse lasse sich über einen gewissen Punkt hinaus nicht zusammenpressen. Viele Wissenschaftler teilten Einsteins Bauchgefühl. Die große Ausnahme war der amerikanische Physiker John Wheeler, der in vielerlei Hinsicht der Held in der Geschichte der Schwarzen Löcher ist. In seinen Arbeiten aus den 1950er und 1960er Jahren betonte er, viele Sterne kollabieren am Ende ihres Lebens, und untersuchte die Probleme, die sich daraus für die Theoretische Physik ergaben. Er sagte auch zahlreiche Eigenschaften der

Objekte – das heißt, der Schwarzen Löcher – voraus, die aus dem Zusammensturz von Sternen entstehen.

Während des größten Teils seines Lebens – über viele Milliarden Jahre – behauptet sich ein normaler Stern durch den thermischen Druck der nuklearen Prozesse, die Wasserstoff in Helium umwandeln, gegen seine eigene Gravitation. Schließlich aber verbraucht der Stern seinen Kernbrennstoff, zieht sich zusammen und kann in einigen Fällen als weißer Zwerg weiterexistieren, wobei es sich dabei um Überreste eines Sternkerns handelt. Doch 1930 zeigte Subrahmanyan Chandrasekhar, dass die Höchstgrenze der Masse eines Weißen Zwergs beim 1,4-Fachen der Sonnenmasse liegt. Eine ähnliche Höchstgrenze errechnete der russische Physiker Lew Landau für einen Stern, der nur aus Neutronen besteht.

Welches Schicksal erwartet die zahllosen Sterne mit einer Masse, die die Höchstmasse eines Weißen Zwergs oder Neutronensterns überstieg, sobald sie ihren Kernbrennstoff aufgebraucht hatten? Mit diesem Problem beschäftigte sich Robert Oppenheimer, dessen Name heute mit dem Bau der ersten Atombombe verknüpft ist. In einigen Aufsätzen aus dem Jahr 1939 wies er in Zusammenarbeit mit George Volkoff und Hartland Snyder nach, dass ein solcher Stern sich mit seinem thermischen Druck nicht gegen den Zusammensturz wehren könnte. Vernachlässigte man den Druck, so zeigte sich, dass sich ein gleichförmiger sphärisch-symmetrischer Stern zu einem Punkt von unendlicher Dichte zusammenzieht. Ein solcher Punkt heißt Singularität. Alle unsere Raumtheorien gehen von der Annahme aus, die Raumzeit wäre glatt und fast flach, daher versagen sie bei der Singularität, wo die Krümmung der Raumzeit unendlich ist. Tatsächlich bezeichnet die Singularität das Ende von Raum und Zeit selbst. Das fand Einstein besonders anstößig. Als der Krieg ausbrach, wandten die meisten Wissenschaftler, auch Robert Oppenheimer, ihre Aufmerksamkeit der Kernphysik zu, und die Frage des Gravitationskollapses geriet in Vergessenheit. Erst mit der Entdeckung der weiter entfernten Quasare erwachte das Interesse an dem Thema zu neuem Leben. 1963 wurde der erste Quasar entdeckt, 3C273, und bald folgten viele andere nach. Trotz der großen Entfernungen waren sie außergewöhnlich hell. Kernprozesse kamen als Erklärung für ihren Energieausstoß nicht infrage, weil sie nur einen kleinen Bruchteil ihrer Restmasse als reine Energie abstrahlten. Die einzige Erklärung war Gravitationsenergie, die ein Gravitationskollaps freigesetzt hatte.

Der Gravitationskollaps von Sternen wurde also wieder entdeckt. Es war klar, dass sich ein gleichmäßig sphärischer Stern zu einem Punkt von unendlicher Dichte, einer Singularität, zusammenzog. Doch was geschah, wenn der Stern nicht gleichförmig und sphärisch war? Könnte diese ungleiche Massenverteilung des Sternes einen ungleichförmigen Kollaps auslösen und so eine Singularität vermeiden? In einer bemerkenswerten Arbeit bewies Roger Penrose 1965, dass sich eine Singularität allein aufgrund der Gravitationsanziehung bildet.

An einer Singularität versagen die Einstein-Gleichungen. Daraus folgt, dass sich die Zukunft an diesem Punkt von unendlicher Dichte nicht vorhersagen lässt. Es kann also Seltsames geschehen, wenn ein Stern in sich zusammenstürzt. Wir wären von dem Zusammenbruch der Vorhersage nicht betroffen, wenn die Singularitäten nicht nackt wären, das heißt, sie sind nach außen nicht abgeschirmt. Penrose schlug die Hypothese der kosmischen Zensur vor: Alle Singularitäten entstanden durch den Zusammensturz von Sternen oder anderen Körpern, werden von Blicken in Schwarze Löcher geschützt. Ein Schwarzes Loch ist eine Region, in der die Gravitation so stark ist, dass ihr kein Licht entweichen kann. Die Hypothese der kosmischen Zensur ist mit an Sicherheit grenzender Wahrscheinlichkeit wahr, denn zahlreiche Versuche sie zu widerlegen, sind gescheitert.

Als John Wheeler 1967 den Begriff Schwarzes Loch einführte, ersetzte er damit den Namen gefrorener Stern. Wheelers Namensschöpfung betonte, dass die Überreste kollabierter Sterne um ihrer selbst willen von Interesse sind, unabhängig von der Art und Weise, wie sie gebildet wurden. Die Bezeichnung setzte sich rasch durch. Von außen können Sie nicht erkennen, was sich in einem Schwarzen Loch befindet. Egal, was Sie hineinwerfen, und ganz gleich, welche Form es hat, es verändert nichts am Aussehen der Schwarzen Löcher. John Wheeler hat einen Ausdruck für diese Prinzip gefunden: „Ein Schwarzes Loch hat keine Haare“. Ein Schwarzes Loch hat eine Grenze, die wir als Ereignishorizont bezeichnen. Dort ist die Gravitation noch stark genug, um das Licht zurückzuziehen und am Entweichen zu hindern. Da nichts schneller als das Licht sein kann, wird alles andere ebenfalls zurückgezogen. Der Sturz durch den Ereignishorizont ähnelt ein wenig dem Versuch, die Niagarafälle mit dem Kanu hinunterzufahren.

Wenn Sie sich im Wasser über den Fällen befinden, können Sie noch mit heiler Haut davonkommen, indem Sie rasch genug paddeln. Doch sobald Sie sich jenseits des Randes befinden, sind Sie verloren, es gibt keinen Weg zurück. Je näher Sie den Fällen kommen, desto schneller wird die Strömung. Am Bug des Kanus zieht die Strömung stärker als am hinteren Teil, dem Heck, und droht, das Kanu auseinander zu reißen.

Gleiches gilt für Schwarze Löcher. Wenn Sie, die Füße voran, auf ein Schwarzes Loch zufallen, wird die Gravitation unendlich viel stärker an Ihren Füßen als an Ihrem Kopf ziehen, weil Ihre Füße dem Schwarzen Loch näher sind. Infolgedessen werden Sie der Läng nach gestreckt und seitlich zusammengequetscht. Besitzt das Schwarze Loch eine Masse, die mehreren Sonnenmassen entspricht, werden Sie auseinandergerissen und zu Spaghetti verarbeitet, bevor Sie den Horizont erreichen. Fallen Sie jedoch in ein viel größeres Schwarzes Loch, das mehr als eine Million Sonnenmassen umfasst, würde sich die Anziehungskraft auf Ihren gesamten Körper auswirken und Sie würden den Horizont ohne Schwierigkeiten erreichen. Wenn Sie also das Innere eines Schwarzen Loches erkunden wollen, sorgen Sie dafür, dass es möglichst groß ist. Im Zentrum der Milchstraße gibt es ein Schwarzes Loch mit rund vier Millionen Sonnenmassen.

Obwohl Sie, fielen Sie in ein Schwarzes Loch, nichts Außergewöhnliches bemerken würden, könnte jemand, der Sie aus sicherer Entfernung beobachten würde, erkennen, dass Sie den Ereignishorizont nie überqueren. Sie würden, so sein Eindruck, unmittelbar außerhalb des Schwarzen Loches immer langsamer und langsamer werden und schließlich schweben. Ihr Anblick würde immer blasser und röter, bis Sie schließlich nicht mehr zu sehen wären. Auf ewig wären Sie für die Außenwelt verloren.

Einen entscheidenden Einfall hatte ich kurz nach der Geburt meiner Tochter Lucy. Ich entdeckte das Flächentheorem: Wenn die Allgemeine Relativitätstheorie zutrifft und die Energiedichte der Materie positiv ist, was gewöhnlich der Fall ist, wird die Fläche des Ereignishorizonts, die Grenze eines Schwarzen Loches stets größer, wenn zusätzlich Materie oder Strahlung in das Schwarze Loch fällt. Verschmelzen zwei Schwarze Löcher miteinander, ist die Fläche des dabei entstehenden Schwarzen Loches immer größer als die Flächensumme der ursprünglichen Schwarzen Löcher.

Das Flächentheorem lässt sich experimentell mit dem Gravitationswellen- Observatorium LIGO überprüfen. Am 14. September 2015 entdeckte LIGO Gravitationswellen aus der Kollision und Verschmelzung eine binären Schwarzen Loches, also eines Paars Schwarzer Löcher. Anhand der Wellenform kann man die Masse und den Drehimpuls der Schwarzen Löcher schätzen, und nach dem Keine-Haare-Theorem bestimmen diese die Horizontflächen. Diese Eigenschaften lassen auf eine Ähnlichkeit zwischen der Fläche des Ereignishorizonts eines Schwarzen Loches und der konventionellen klassischen Physik schließen, insbesondere dem Entropiebegriff der Thermodynamik. Entropie lässt sich als ein Maß für die Störung oder Unordnung eines Systems betrachten oder, entsprechend, für die Unkenntnis hinsichtlich seines exakten Zustands. Dass die Entropie mit der Zeit immer mehr zunimmt, genau das besagt der berühmte Zweite Hauptsatz der Thermodynamik. Diese Entdeckung war der erste Hinweis auf jenen entscheidenden Zusammenhang.

Die Analogie zwischen den Eigenschaften Schwarzer Löcher und den Gesetzen der Thermodynamik lässt sich erweitern. Nach dem ersten Hauptsatz der Thermodynamik wird eine kleine Entropieveränderung eines Systems von einer proportionalen Energieveränderung diese Systems begleitet. Brandon Carter, Jim Bardin und ich entdeckten ein ähnliches Gesetz, das den Zusammenhang zwischen einer Masseveränderung eines Schwarzen Loches und der Flächenveränderung seines Ergebnishorizonts beschreibt. Der Proportionalitätsfaktor ist dabei eine Größe, die als Oberflächengravitation bezeichnet wird und ein Maß für die Stärke des Gravitationsfeldes am Ergebnishorizont bildet. Gehen wir davon aus, dass die Fläche des Ergebnishorizonts der Entropie entspricht, dann könnte die Oberflächengravitation der Temperatur entsprechen. Unterstrichen wird die Ähnlichkeit dadurch, dass die Oberflächengravitation an allen Punkten des Ergebnishorizonts gleich ist, ebenso wie in einem Körper, der sich im thermischen Gleichgewicht befindet, die Temperatur überall gleich ist.

Obwohl es eine unübersehbare Ähnlichkeit zwischen der Entropie und der Fläche des Ergebnishorizonts gibt, war uns nicht klar, wie sich die Fläche mit der Entropie eines Schwarzen Loches gleichsetzen ließ. Was war unter der Entropie eines Schwarzen Loches zu verstehen? Jakob Bekenstein, der damals an der Princeton University promovierte, formulierte 1972 das entscheidende Argument folgendermaßen: Erzeugt ein Gravitationskollaps ein Schwarzes Loch, nimmt es rasch einen stationären Zustand an, den drei Parameter charakterisieren: Masse, Drehimpuls, und elektrische Ladung.

Das erweckt den Eindruck, als ob der endgültige Zustand des Schwarzen Loches unabhängig davon wäre, ob der kollabierte Körper aus Materie oder Antimaterie bestand oder ob seine Form sphärisch oder vollkommen unregelmäßig war. Mit anderen Worten, ein Schwarzes Loch von gegebener Masse, Drehimpuls und elektrischer Ladung könnte sich durch den Kollaps einer beliebig großen Zahl von Materiekonfigurationen gebildet haben. Ein Vollkommen identisches Schwarzes Loch könnte, so wäre folglich denkbar, durch den Kollaps einer großen Zahl unterschiedlicher Arten von Sternen entstanden sein. Vernachlässigt man die Quanteneffekte, wäre die Zahl der Konfigurationen tatsächlich unendlich, da das Schwarze Loch auch durch den Kollaps einer Wolke aus einer unendlichen Zahl von Teilchen mit unendlich geringer Masse gebildet sein könnte. Aber könnte die Zahl der Konfigurationen tatsächlich unendlich sein?

Eine fundamentale Kernaussage der Quantenmechanik bildet die Unschärferelation. Ihr zufolge ist es unmöglich, gleichzeitig die Position und die Geschwindigkeit irgendeines Elementarteilchens zu messen. Misst man exakt, wo sich das Elementarteilchen befindet, lässt sich seine Geschwindigkeit nicht bestimmen. Misst man die Geschwindigkeit eines Elementarteilchens, so lässt sich seine Position nicht feststellen und bestimmen. In der Praxis bedeutet dies: Es ist unmöglich, ein beliebiges Elementarteilchen zu lokalisieren.

Angenommen, Sie wollen die Größe eines Elementarteilchens messen, dann müssen Sie herausfinden, wo diese sich bewegende Elementarteilchen anfängt und endet. Ganz exakt wird Ihnen das nie gelingen, denn dann müssten Sie die Positionen eines beliebigen Elementarteilchens und seine Geschwindigkeit gleichzeitig messen können. Folglich können Sie die die Größe eines Objekts nicht genau bestimmen.

Das Unsicherheitsprinzip macht es unmöglich, so könnte man sagen, überhaupt festzustellen, wie groß ein beliebiges Elementarteilchen wirklich ist. Das Unsicherheitsprinzip schränkt seine Größe ein. Nach einer kleinen Berechnung werden Sie feststellen, dass es für eine bestimmte Masse eines Teilchens eine Mindestgröße gibt. Diese Mindestgröße ist bei schweren Objekten klein, nimmt aber, wie sich herausstellte, immer mehr zu, je leichter die Objekte werden. Verbindet man diese Überlegungen mit denen der Allgemeinen Relativitätstheorie, so ergibt sich der Schluss, dass nur Objekte, die ein bestimmtes Gewicht überschreiten, Schwarze Löcher bilden können. Dieses Gewicht entspricht ungefähr dem eines Salzkorns. Diese Überlegungen haben noch eine Konsequenz: Die Zahl der Konfigurationen, die ein schwarzes Loch von gegebener Masse, Drehimpuls und elektrischer Ladung bilden könnten, ist unendlich groß, aber endlich. Jakob Bekenstein behauptete, anhand dieser endlichen Zahl könne man die Entropie oder Unordnung eines Schwarzen Loches bestimmen. Das sei ein Maß für die Informationsmenge, die bei dem Kollaps, der das Schwarze Loch erzeuge, offenbar unwiederbringlich verloren ginge.

Anscheinend hatte Bekensteins Argumentation einen fatalen Fehler. Besitzt ein Schwarzes Loch eine endliche Entropie, die der Fläche seines Ergebnishorizonts proportional ist, müsste es auch eine Temperatur ungleich null aufweisen, die ihrer Oberflächengravitation proportional wäre. Das würde bedeuten, dass ein Schwarzes Loch sich bei irgendeiner Temperatur ungleich null mit der Wärmestrahlung im Gleichgewicht befände. Doch nach der klassischen Theorie wäre gerade ein solches Gleichgewicht nicht möglich, weil alle Wärmestrahlung, die in ein Schwarzes Loch fiele, zwar von ihm absorbiert wird, aber definitionsgemäß sollte das Schwarze Loch nicht in der Lage sein, die Wärme wieder abzustrahlen. Nichts könnte emittieren, auch keine Wärme. Daraus ergab sich ein Paradox hinsichtlich der Schwarzen Löcher, dieser unglaublich dichten Objekte, die durch den Kollaps von Sternen entstehen. Nach einer Theorie könnten Schwarze Löcher mit identischen Eigenschaften durch eine unendliche Zahl verschiedener Arten von Sternen gebildet werden.

Nach einer anderen wäre die Zahl möglicher Weise endlich. Das ist ein Problem der Informationen – der Idee nämlich Teilchen und jede Kraft im Universum erhalte Informationen.

Weil Schwarze Löcher keine Haare haben, wie Wheeler es formuliert hat, können wir von außen nicht erkennen, was sich im Innern eines Schwarzen Loches befindet, abgesehen von der Masse, elektrischer Ladung und Drehimpuls. Ein Schwarzes Loch muss folglich eine große Informationsmenge enthalten, die vor der Außenwelt verborgen ist. Allerdings ist die Informationsmenge begrenzt, die sich in der Raumregion unterbringen lässt. Information braucht Energie, und Energie hat Masse, die wir dank Einsteins berühmter Gleichung E = mc 2 wissen. Wenn sich also zu viel Information in einer Raumregion befindet, wird sie zu einem schwarzen Loch zusammenfallen, und die Größe des Schwarzen Loches wird die Informationsmenge widerspiegeln. Es ist genau wie mit einer Bibliothek, in der Sie immer mehr Bücher aufstapeln. Das Ende wird sein, dass die Regale brechen und die Bibliothek zu einem Schwarzen Loch zusammenstürzt.

Wenn die Menge der verborgenen Informationen in einem Schwarzen Loch von der Größe des Loches abhinge, wär zu erwarten gewesen, dass das Schwarze Loch eine Temperatur hätte und wie ein heißes Metall glühte. Das aber war unmöglich, weil, wie jeder weiß, nichts aus einem Schwarzen Loch hinausgelangen kann. Zumindest dachte man das. Dieses Problem bestand bis 1974, als ich untersuchte, wie sich Materie nach den Gesetzen der Quantenmechanik in der Nähe der Schwarzen Löcher verhalten würde. Zu meiner großen Überraschung stellte ich fest, dass das schwarze Loch mit gleichmäßiger Rate Teilchen zu emittieren schien. Wie alle anderen nahm ich damals als gegeben hin, dass ein Schwarzes Loch nicht emittieren könnte. Daher investierte ich große Mühe in den Versuch, diesen störenden Effekt zu beseitigen. Doch je verbissener ich es versuchte, desto hartnäckiger weigerte sich dieser Störeffekt, das Feld zu räumen, sodass ich ihn am Ende akzeptieren musste.

Letztlich überzeugte mich ein sehr realer physikalischer Prozess: Die abgestrahlten Elementarteilchen hatten ein ausgesprochen thermisches Spektrum. Ein Schwarzes Loch erzeugt und emittiert, so sagten meine Berechnungen voraus, Teilchen und Strahlung, so als wäre es ein gewöhnlicher heißer Körper, mit der Temperatur, die der Oberflächengravitation proportional und der Masse umgekehrt proportional ist. Das ließ Jakob Beksteins problematische These, ein Schwarzes Loch besitze eine endliche Entropie, als vollkommen schlüssig erscheinen, weil es bedeutete, dass ein Schwarzes Loch sich zu einer endlichen Temperatur ungleich null im thermischen Gleichgewicht befinden konnte.

Inzwischen ist die mathematische Evidenz, dass Schwarze Löcher thermische Strahlung emittieren, von zahlreichen anderen Forschern durch viele unterschiedliche Ansätze bestätigt worden. Unter anderem lässt sich die Emission wie folgt verstehen: Aus der Quantenmechanik folgt, dass der gesamte Raum mit Paaren aus virtuellen Teilchen und Antiteilchen gefüllt ist, die sich ständig paarweise materialisieren, trennen wieder zusammenkommen und einander vernichten. Virtuell sind diese Elementarteilchen, weil sie anders als echte Teilchen nicht von einem Teilchendetektor nachgewiesen werden können. Ihre indirekten Effekte lassen sich aber sehr wohl messen, und ihre Existenz ist durch eine kleine Verschiebung belegt worden, die sogenannte Lamb-Verschiebung, die sie im Energiespektrum der Strahlung angeregter Wasserstoffatome hervorrufen. In der

Gegenwart eines Schwarzen Loches kann nur ein virtuelles Teilchen des Paares in das Schwarze Loch fallen, sodass das andere Teilchen ohne einen Partner, mit dem es sich vernichten könnte, draußen zurückbleibt. Das verlassene Teilchen oder Antiteilchen könnte seinem Partner ins Schwarze Loch folgen, aber auch in die Unendlichkeit entkommen, wo es dann wie eine vom Schwarzen Loch emittierte Strahlung erscheint. Eine andere Möglichkeit zum Verständnis des Prozesses besteht darin, den Partner des Teilchenpaares zu betrachten, der in das Schwarze Loch fällt – sagen wir – das Antiteilchen, das sich in der Zeit zurückbewegt. Folglich lässt sich das Antiteilchen, das in das Schwarze Loch fällt, als ein Teilchen betrachten, das aus dem Schwarzen Loch kommt, aber in der Zeit rückwärts reist. Erreicht das Teilchen den Punkt; an dem sich das Teilchen-Antiteilchen-Paar ursprünglich materialisierte, wird es vom Gravitationsfeld gestreut, sodass es in der Zeit vorwärtsreist.
Ein Schwarzes Loch mit ungefähr einer Sonnenmasse würde Teilchen so langsam abgeben, dass es unmöglich wäre, sie nachzuweisen. Doch es wären auch sehr viel kleinere Schwarze Minilöcher mit der Masse, eines Berges denkbar. Diese könnten sich im ganz frühen Universum gebildet haben, als es chaotisch und unregelmäßig war. Ein Schwarzes Loch von der Größe eines Berges würde Röntgen- und Gammastrahlen mit einer Rate von ungefähr zehn Millionen Megawatt abgeben, genug, um die ganze Erde mit Elektrizität zu versorgen. Allerdings wäre es nicht leicht ein Schwarzes Miniloch anzuzapfen. Man könnte es nicht in einem Kraftwerk einschließen, weil es durch den Fußboden fallen und im Mittelpunkt der Erde enden würde. Wenn wir ein solches Schwarzes Loch hätten, bestünde die einzige Möglichkeit seiner habhaft zu werden, darin, es auf einen Orbit um die Erde zu bringen.
Man hat nach Schwarzen Minilöchern von dieser Masse gesucht, aber bisher keine gefunden. Das ist schade, weil ich dann einen

Nobelpreis bekommen hätte. Eine andere Möglichkeit wäre jedoch, dass es uns gelänge, Schwarze Minilöcher in den Extradimensionen der Raumzeit zu erzeugen. Nach einigen Theorien ist das Universum, das sich unserer Erfahrung erschließt, nur die Oberfläche eines zehn- oder elfdimensionalen Raumes.

Der Film Interstellar vermittelt einen gewissen Eindruck davon, wie das wäre. Wir würden diese Extradimensionen nicht sehen, weil sich das Licht nicht in ihnen ausbreitete, sondern nur die vier Dimensionen unseres Universums durchdränge. Allerdings würde die Gravitation auf diese Extradimensionen einwirken und wäre dort weit stärker als in unserem Universum. Vielleicht werden wir dieses Phänomen im LHC, dem Teilchenbeschleuniger Large Hadron Collider, am CERN beobachten können. Der LHC besteht aus einem 27 Kilometer langen, kreisförmigen Tunnel. Darin lässt man zwei Teilchenstrahlen gegenläufig kreisen und schließlich zusammenprallen. Einige dieser Kollisionen könnten schwarze Mikrolöcher erzeugen, die Teilchen in einem leicht erkennbaren Muster emittieren würden. Dann könnte ich doch noch einen Nobelpreis bekommen. Entweichen Teilchen aus einem Schwarzen Loch, wird das Schwarze Loch an Masse verlieren und schließlich schrumpfen. Das wird die Rate der Teilchenemission beschleunigen. Schließlich wird das Schwarze Loch seine gesamte Masse verlieren und verschwinden. Was aber geschieht dann mit all den Teilchen und den unglücklichen Astronauten, die in das Schwarze Loch gefallen sind? Sie könnten nicht einfach wieder auftauchen, wenn das Schwarze Loch verschwindet. Die Teilchen, die aus einem Schwarzen Loch kommen, scheinen vollkommen zufällig zu sein und völlig beziehungslos zu den Objekten zu sein, die in das Schwarze Loch hineingefallen sind. Offenbar sind die Informationen über die Dinge, die das schwarze Loch verschluckt hat, verloren, bis auf die gesamte Masse und die Rotation. Doch wenn die Informationen verloren sind, wirft das ein ernsthaftes Problem auf: Es betrifft den fundamentalen Kern unseres Wissenschaftsverständnisses.

Denn seit mehr als 200 Jahren halten wir den wissenschaftlichen Determinismus für wahr: Die Gesetze der Wissenschaft bestimmen die Entwicklung des Universums. Wenn in den Schwarzen Löchern wirklich Informationen verloren gingen, wären wir nicht in der Lage die Zukunft vorauszusagen, weil es möglich wäre, dass ein Schwarzes Loch jede beliebige Ansammlung von Teilchen abstrahlte. Es könnte einen funktionierenden Fernsehapparat oder die gesamten Werke Shakespeares in Leder emittieren, obwohl die Wahrscheinlichkeit solcher exotischen Emissionen äußerst gering sein dürfte. Sehr viel wahrscheinlicher wäre eine thermische Strahlung, wie man sie von rotglühendem Metall kennt. Es mag den Anschein haben, es spiele keine besondere Rolle, ob wir vorhersagen können, was aus Schwarzen Löchern entweicht. Schwarze Löcher gibt es schließlich nebenan und in unserer Nachbarschaft nicht.

Und doch ist es eine Frage des Prinzips. Wenn der Determinismus, die Vorhersagbarkeit des Universums, in Bezug auf Schwarze Löcher nicht mehr gilt, dann könnte der Determinismus auch in anderen Situationen seine Geltung verlieren. Vielleicht gäbe es dann virtuelle Schwarze Löcher, die als Fluktuationen aus dem Vakuum auftauchen, eine Reihe von Teilchen absorbierten, andere emittierten und schließlich wieder im Vakuum verschwänden. Schlimmer noch – gilt der Determinismus nicht mehr, könnten wir auch unserer Geschichte nicht mehr sicher sein. Die Geschichtsbücher und unsere Gedächtnisse könnten reine Illusionen sein. Die Vergangenheit teilt uns mit, wer wir sind. Ohne sie verlieren wir unsere Identität.

Daher mussten wir unbedingt herausfinden, ob in den Schwarzen Löchern tatsächlich Informationen verloren gehen oder ob sie im Prinzip wieder geboren werden können. Viele Forscher waren der Meinung, Informationen dürften nicht einfach verschwinden, doch jahrelang konnte niemand erklären, wie sich die Informationen bewahren ließen. Dieser scheinbare Informationsverlust, das sogenannte Informationsparadox, beschäftigt die Forschung nun seit mehr als 40 Jahren und ist noch immer eines der größten ungelösten Rätsel in der Theoretischen Physik.

Unlängst ist das Interesse an möglichen Lösungen des Informationsparadoxes wieder erwacht, als neue Erkenntnisse zur Vereinheitlichung von Gravitation und Quantenmechanik bekannt wurden. Von entscheidender Bedeutung für diese jüngsten Fortschritte ist das Verständnis der Raumzeit-Symmetrien. Nehmen wir an, es gäbe keine Gravitation, und die Raumzeit wäre vollkommen flach. Dann wäre die Raumzeit wie eine vollkommen gleichförmige Wüste. Ein solcher Ort besitzt zwei Symmetriearten. Die erste heißt Translationssymmetrie. Wenn Sie sich von einem Punkt in dieser Wüste zu einem anderen bewegen, bemerken Sie keine Veränderung. Die zweite Symmetrie ist die Rotationssymmetrie. Wenn Sie irgendwo in der Wüste stehen und anfangen um sich selbst zu drehen, erkennen Sie wiederum keinen Unterschied in dem, was Sie sehen. Diese Symmetrien liegen auch in der "flachen" Raumzeit vor, der Raumzeit, die in Abwesenheit von aller Materie existiert.

Wenn man jedoch etwas in dieser Wüste aufstellt, werden die Symmetrien gebrochen. Nehmen wir an, in der Wüste gibt es einen Berg, eine Oase und einige Kakteen, dann sieht sie an verschiedenen Orten und in verschieden Richtungen jeweils anders aus. Das gleiche gilt für die Raumzeit. Wenn man Objekte in die flache Raumzeit stellt, werden die Translations- und Rotationssymmetrien gebrochen. Außerdem erzeugt man Gravitation, wenn man Objekte in einer Raumzeit einführt.

Ein schwarzes Loch ist eine Raumzeitregion, in der die Gravitation stark und die Raumzeit enorm verformt ist, sodass man eigentlich davon ausgehen sollte, dass die Symmetrien dort gebrochen werden.

Doch je weiter man sich vom Schwarzen Loch entfernt, desto geringer wird die Raumzeitkrümmung. In großer Entfernung vom Schwarzen Loch sieht die Raumzeit fast vollkommen flach aus.
In den 1960er Jahren haben Hermann Bondi, A.W. Kenneth, M. G. J. van der Burg und Rainer Sachs die wahrhaft bemerkenswerte Entdeckung gemacht, dass die Raumzeit weit entfernt von aller Materie eine unendliche Zahl von Symmetrien besitzt, die Supertranslationen heißen. Jeder dieser Symmetrien ist mit einer Erhaltungsgröße assoziiert, den Supertranslationsladungen. Eine Erhaltungsgröße besitzt die besondere Eigenschaft, sich nicht zu verändern, während sich ein System entwickelt. Supertranslationsladungen sind Verallgemeinerungen sehr vertrauter Erhaltungsgrößen. Wenn sich beispielsweise die Raumzeit nicht mit der Zeit verändert, bleibt die Energie erhalten. Wenn die Raumzeit an verschiedenen Punkten im Raum gleich aussieht, bleibt der Drehimpuls erhalten.
Die Entdeckung der Supertranslationen ist so bemerkenswert, weil es in großer Entfernung von einem Schwarzen Loch eine unendliche Zahl von Erhaltungsgrößen gibt. Diesen Erhaltungsgrößen verdanken wir eine ungewöhnliche und unerwartete Einsicht in die Prozesse der Gravitationsphysik. Im Jahr 2016 habe ich zusammen mit meinen Mitarbeitern Malcolm Perry und Andy Strominger daran gearbeitet, mithilfe dieser neuen Erkenntnisse und der dazu gehörigen Erhaltungsgrößen eine mögliche Lösung für das Informationsparadox zu finden. Die drei erkennbaren Eigenschaften des Schwarzen Loches sind, wie wir wissen, Masse, Ladung und Drehimpuls.
Das sind die klassischen Ladungen, die wir schon lange verstehen. Doch schwarze Löcher besitzen auch Supertranslationsladungen. Daher enthalten sie vielleicht weit mehr, als wir ursprünglich dachten. Sie sind nicht kahl und haben nicht nur drei Haare, sondern verfügen in Wirklichkeit über eine Menge Supertranslationshaar.

Das Supertranslationshaar könnte in verschlüsselter Form beträchtliche Informationen über den Inhalt des Schwarzen Loches enthalten. Wahrscheinlich besitzen diese Supertranslationsladungen nicht alle Informationen, doch der Rest könnte vielleicht durch zusätzliche Erhaltungsgrößen erklärt werden, die mit weiteren Symmetrien verknüpft sind, den sogenannten, bislang kaum verstandenen Superrotationen. Wenn diese Annahme richtig ist und sich tatsächlich alle Informationen über ein Schwarzes Loch anhand seiner Haare beschaffen lassen, gibt es möglicherweise doch keinen Informationsverlust: Unsere neuesten Berechnungen haben gerade diese Ideen bestätigt. Strominger, Perry und ich haben zusammen mit Sasha Haco, einer Doktorandin, herausgefunden, dass diese Superrotationsladungen die gesamte Entropie eines Schwarzen Loches ausmachen können. Die Quantenmechanik behält ihre Geltung, und die Informationen werden auf dem Horizont, der Oberfläche des Schwarzen Loches, gespeichert.
Bislang sind Schwarze Löcher außerhalb des Ereignishorizonts auch weiterhin nur durch ihre Masse, ihre elektrische Ladung und ihren Drehimpuls charakterisiert, aber der Ereignishorizont selbst enthält die Informationen, die wir brauchen, um mit einer Genauigkeit, die über die drei bekannten Eigenschaften des Schwarzen Loches hinausgeht, bestimmen zu können, was in das Schwarze Loch hineingefallen ist. Wir arbeiten noch an diesen Problemen, daher bleibt das Informationsparadox noch ungelöst. Aber ich bin zuversichtlich, dass wir auf dem Weg zu einer Lösung sind. Beobachten Sie, wie es weitergeht!

Ist der Sturz in ein Schwarzes Loch Pech für einen Raumreisenden? Eindeutig Pech: Wenn es sich um ein Schwarzes Loch handelt, werden Sie zu Spaghetti verarbeitet, bevor Sie den Horizont erreichen. Handelt es sich dagegen um ein supermassives Schwarzes Loch, überqueren Sie den Horizont ohne Schwierigkeiten, werden aber an der Singularität zu Tode gequetscht.

Meinung anderer Wissenschaftler und des Autors:
Bereits mit seinem Buch „Eine kurze Geschichte der Zeit“ hat Stephen Hawking den „Schwarzen Löchern“ Besonderheiten in den Abläufen des universellen Geschehens, eingeräumt. Dies hat er nun weiter untermauert. Unter Wissenschaftlern sind seine Feststellungen kaum noch umstritten. Schwarze Löcher sind seltsamer, sonderbarer und erstaunlicher als alles, was Science Fiction-Autoren sich ausgedacht haben. Sie sind eine Art Staubsauger im Weltall und lassen nichts mehr entweichen. Nicht einmal mehr das Licht. Ihre Anziehungskraft übersteigt weitgehend unser Vorstellungsvermögen. Sie scheinen jedoch eine universelle Notwendigkeit zu sein. Ohne sie würde es vermutlich die Galaxien gar nicht geben. Wahrscheinlich sind sie auch deren Mittelpunkt.
Ob in ihnen Information für immer eingeschlossen ist, darüber ist sich die Wissenschaft noch nicht ganz im Klaren. Welche weitere wichtige Funktion ihnen zukommt, auch darüber wird noch gerätselt. Aber dies scheint festzustehen: Sie sind nicht nur Vernichter, Auslöscher. Nein, sie haben bestimmt auch die Funktion, das Universum zu erhalten und zu verändern, also der universellen Evolution entsprechend.

Sie bilden noch ein weites Forschungsgebiet. Mit seinen bisher gewonnen Erkenntnissen hat Stephen Hawking bereits einen Weg beschritten, der sicher etwas Licht in das Dunkel der schwarzen Löcher bringt!

Kapitel 6

SIND ZEITREISEN MÖGLICH?

Stephen Hawking:
In der Science-Fiction-Literatur ist die Verformung oder Krümmung der Raum-Zeit ein Gemeinplatz. Dort nutzt man sie für blitzschnelle Reisen durch die Milchstraße oder Zeitreisen. Die Science-Fiction von heute ist oft eine wissenschaftliche Tatsache von morgen. Wie stehen also die Chancen für Zeitreisen? Die Idee, dass Raum und Zeit gekrümmt und verformt werden können, ist ziemlich neu. Mehr als zwei Jahrtausende lang hielt man die Axiome der euklidischen Geometrie für selbstverständlich. Wie sich der eine oder andere von Ihnen vielleicht noch aus dem Geometrieunterricht in der Schule erinnern wird, ergibt sich aus diesen Axiomen unter anderem, dass die Winkelsumme im Dreieck 180 Grad beträgt.
Doch im vergangenen Jahrhundert wurde den Menschen klar, das auch andere Formen der Geometrie möglich sind, in denen die Winkel im Dreieck sich nicht unbedingt zu 180 Grad addieren. Betrachten Sie beispielsweise die Oberfläche der Erde. Auf der Oberfläche der Erde ist die größte Annäherung an eine gerade Linie ein sogenannter Großkreis. Großkreise sind die kürzesten Wege zwischen zwei Punkten, daher entsprechen sie den Routen der Fluglinien. Wenden wir uns nun dem Dreieck auf der Erdoberfläche zu, das vom Äquator, dem durch London laufenden Nullmeridian und dem durch Bangladesch führenden 90. Meridian östlicher Länge gebildet wird. Die beiden Meridiane treffen sich am Nordpol und bilden dort ebenfalls einen rechten Winkel. So erhalten wir ein Dreieck mit drei rechten Winkeln. Die Winkelsumme in diesem Dreieck beträgt folglich 270 Grad und ist damit offensichtlich größer als die Winkelsumme von 180 Grad, die sich bei dem flachen Dreieck auf einer flachen

Ebene ergab. Zeichnete man ein Dreieck auf einer sattelförmigen Fläche, würde man feststellen, dass die Winkelsumme kleiner als 180 Grad ist. Die Erdoberfläche ist ein sogenannter zweidimensionaler Raum. Das heißt, man kann sich auf der Erdoberfläche in zwei Richtungen bewegen, die miteinander einen rechten Winkel bilden: in die Nord-Süd-Richtung oder die Ost-West-Richtung. Natürlich gibt es noch eine dritte Richtung im rechten Winkel zu diesen beiden, die nach oben und nach unten gerichtet ist. Mit anderen Worten, die Erdoberfläche befindet sich im dreidimensionalen Raum. Der dreidimensionale Raum ist flach. Er gehorcht der euklidischen Geometrie. Die Winkel eines Dreiecks addieren sich zu 180 Grad. Doch man könnte sich auch eine Spezies zweidimensionaler Geschöpfe vorstellen, die sich auf der Erde umherbewegen, aber nicht fähig wären die dritte Dimension nach oben oder nach unten zu erfahren. Diese Spezies wüsste nichts von dem flachen dreidimensionalen Raum, in dem sich die Erdoberfläche befindet. Für sie wär der Raum gekrümmt und die Geometrie nicht euklidisch.

Doch so, wie man sich zweidimensionale Lebewesen ausmalen kann, die auf der zweidimensionalen Erdoberfläche leben, könnte man sich auch vorstellen, dass der dreidimensionale Raum, in dem wir leben, die Oberfläche einer Kugel in einer weiteren Dimension wäre, die wir nicht sehen können. Wäre die Kugel sehr groß wäre der Raum fast flach und die euklidische Geometrie bei kleinen Abständen eine sehr gute Annäherung. Die euklidische Geometrie aber versagt, wie wir leicht feststellen können, bei großen Abständen. Sie können sich das veranschaulichen, indem Sie sich eine Gruppe von Malern vorstellen, die Farbe auf der Oberfläche einer großen Kugel auftragen.

Je dicker die Farbschicht wird, desto weiter wächst die Oberfläche nach oben. Befindet sich die Kugel in einem flachen dreidimensionalen Raum, kann man unbegrenzt Farbe hinzufügen, woraufhin die Kugel immer größer wird. Doch wenn der dreidimensionale Raum tatsächlich die Oberfläche einer Kugel in einer anderen Dimension ist, ist sein Volumen groß, aber endlich. Irgendwann werden die Farbschichten auf der Kugel den halben Raum ausfüllen. Später werden die Maler feststellen, dass sie in einer Region von ständig abnehmender Größe gefangen sind. Fast der ganze Raum ist von der Kugel und ihren Farbschichten ausgefüllt. So werden die Maler feststellen, dass sie in einem gekrümmten und nicht in einem flachen Raum leben.

Dieses Beispiel zeigt, dass wir die Geometrie der Welt nicht aus den ersten Prinzipien ableiten können, wie die alten Griechen glaubten, stattdessen müssen wir den Raum, in dem wir leben, messen und seine Geometrie durch Experimente erforschen. Obwohl der deutsche Bernhard Riemann bereits 1854 eine Methode entwickelte, um gekrümmte Räume zu beschreiben, blieb sie 60 Jahre lang ausschließlich eine Domäne der Mathematik. Sie konnte gekrümmte Räume beschreiben, die völlig abstrakt waren, aber es schien keinen Grund zu geben, warum der physikalische Raum, in dem wir leben, gekrümmt sein sollte. Das änderte sich erst 1915, als Einstein seine Allgemeine Relativitätstheorie veröffentlichte.

Die Allgemeine Relativitätstheorie war eine tiefgreifende geistige Revolution, die unsere Vorstellung vom Universum vollkommen veränderte. Dabei ist sie eine Theorie nicht nur des gekrümmten Raumes, sondern auch der gekrümmten und verformten Zeit. 1905 hatte Einstein erkannt, dass Raum und Zeit eng miteinander verknüpft sind. Man kann ein Ereignis durch vier Zahlen lokalisieren: Drei Zahlen beschreiben die Position des Ereignisses, zum Beispiel eine bestimmte Anzahl von Kilometern nördlich und östlich von Oxford Circus und die Höhe über dem Meeresspiegel. In einem größeren Maßstab könnten es die galaktische Breite und Länge und die Entfernung vom Mittelpunkt der Galaxis sein. Die vierte Zahl ist der Zeitpunkt des Ereignisses. Folglich kann man Raum und Zeit zu

einer vierdimensionalen Einheit zusammenfassen, der Raumzeit. Jedem Punkt der Raumzeit werden vier Zahlen zugewiesen, die seine Position in Raum und Zeit angeben. Wenn wir Raum und Zeit auf diese Weise zusammenfassen, bliebe es ein ziemlich trivialer Vorgang, wenn man sie wieder auf eine andere Art und Weise wieder voneinander trennen könnte. Es gäbe dann nur eine einzige Möglichkeit, die Zeit und die Position jedes Ereignisses zu definieren.
Doch 1905 wies Einstein – zu dieser Zeit technischer Experte beim Schweizer Patentamt in Bern – in einem fulminanten Aufsatz nach, dass die Zeit und der Ort, an denen sich ein Ereignis unserer Meinung nach zuträgt, davon abhängen, wie wir uns bewegen. Daraus folgte, dass Raum und Zeit unauflöslich miteinander verbunden sind. Die Zeiten, die verschiedene Beobachter Ereignissen zuordnen, stimmen nur dann überein, wenn die Beobachter sich nicht relativ zueinander bewegen. Die Angaben weichen umso stärker voneinander ab, je größer die relative Geschwindigkeit der Beobachter ist. Daher können wir fragen, wie rasch die Beobachter sich bewegen müssen, damit die Zeit des einen relativ zur Zeit des anderen rückwärts verläuft. Die Antwort liefert der folgende Limerick: There was a young Lady of Wight. Who traveled much faster than light She departed one day. In a relative way and arrived on the previous night. Der Ruhm gebührt Lady Bright allein noch schneller als das Licht zu sein. Eines Tages ging sie auf Reise doch auf relative Weise und kam nachts davor schon heim. Alles was wir benötigen ist also ein Raumschiff, das schneller ist als das Licht. Leider bewies Einstein in demselben Artikel, dass die Beschleunigungsenergie des Raumschiffes umso größer wird, je näher es der Lichtgeschwindigkeit kommt. Daher braucht es eine ungeheure Energiemenge, um die Lichtgeschwindigkeit zu übertreffen.
Einsteins Artikel aus dem Jahr 1905 schien die Möglichkeit einer Zeitreise in die Vergangenheit auszuschließen. Er ließ auch

erkennen, dass Zeitreisen zu anderen Sternen ein sehr langsames und mühsames Geschäft sein würden. Wenn man nicht schneller als das Licht vorankommt, braucht man für die Hin- und Rückreise zum nächsten Stern mindestens acht Jahre und zum Mittelpunkt der Milchstraße mindestens 50 000 Jahre.

Würden Sie sich in einem Raumschiff fast mit Lichtgeschwindigkeit bewegen, könnte es Ihnen an Bord vorkommen, als hätte Ihre Reise zum Mittelpunkt unserer Galaxis nur einige wenige Jahre gedauert. Doch das wäre nur ein schwacher Trost, denn bei Ihrer Rückkehr müssten Sie feststellen, dass alle Menschen, die Sie gekannt hatten, schon seit Jahrhunderten tot und vergessen wären. Auch für Science-Fiction-Romane wäre das nicht unbedingt von Vorteil, deshalb haben ihre Autoren nach Möglichkeiten gesucht, sich dieser Schwierigkeit zu entziehen.

Wie Einstein zehn Jahre später in einem Aufsatz aus dem Jahr 1915 zeigte, lassen sich die Gravitationseffekte beschreiben, indem man von der Annahme ausgeht, die Raumzeit werde durch die in ihr enthaltenen Materie und Energie gekrümmt und verformt, und diese Theorie ist seither als Allgemeine Relativitätstheorie bekannt. Eine solche Raumzeitkrümmung lässt sich direkt beobachten, wenn die Masse der Sonne die Licht- und Radiowellen in Ihrer unmittelbaren Nähe ein wenig von Ihrem Weg ablenkt.

Die scheinbare Position des Sternes oder der Radioquelle verlagert sich um ein kleines Stück, wenn die Sonne zwischen der Erde und der Quelle steht. Die Verschiebung ist sehr klein; sie beträgt rund ein Tausendstel Grad, das sind ungefähr anderthalb Zentimeter aus einer Entfernung von einem Kilometer betrachtet. Trotzdem kann diese Verschiebung mit großer Genauigkeit gemessen werden und deckt sich mit den Vorhersagen der Allgemeinen Relativitätstheorie. Wir haben experimentelle Belege für die Verformung von Raum und Zeit. Die Raumzeitkrümmung in unserer Nachbarschaft ist sehr gering, weil alle Gravitationsfelder in unserem Sonnensystem schwach sind. Doch wir wissen, dass beim Urknall oder in großen Schwarzen Löchern sehr starke Felder auftreten können. Daher können Raum und Zeit ausreichend gekrümmt werden, um dem Science-Fiction-Bedarf nach Dingen wie Hyperspace-Antrieben, Wurmlöchern oder Zeitreisen gerecht zu werden.

Auf den ersten Blick scheint alles möglich zu sein. Beispielsweise fand Kurt Gödel 1948 eine Lösung für Einsteins Feldgleichungen der Allgemeinen Relativitätstheorie, die ein Universum beschreibt, in dem die gesamte Materie rotiert. In diesem Universum könnte man in einem Raumschiff aufbrechen und zurückkehren, bevor man sich auf die Reise begeben hat. Gödel arbeitete am Institute for Advanced Study in Princeton, als Einstein seine letzten Jahre dort verbrachte. Gödel war in erster Linie dafür bekannt, bewiesen zu haben, dass man nicht alles beweisen könne, was selbst auf einen anscheinend so einfachen Bereich wie die Arithmetik zutrifft. Aber sein Beweis, dass die Allgemeine Relativitätstheorie Zeitreisen zulässt, ärgerte Einstein, der geglaubt hatte, das sei unmöglich. Heute wissen wir, dass Gödels Lösung nicht das Universum beschreiben kann, in dem wir leben. Gödels Universum expandiert nicht. Es hat auch einen ziemlich hohen Wert für die sogenannte kosmologische Konstante, von der man glaubt sie sei sehr klein. Doch inzwischen sind offensichtlich viel realistischere Lösungen gefunden worden, die Zeitreisen erlauben.

Eine besonders interessante geht von zwei kosmischen Strings aus, die mit einem nur knapp unter der Lichtgeschwindigkeit liegenden Tempo aneinander vorbeirasen. Kosmische Strings sind ein bemerkenswertes Konzept der Theoretischen Physik, das sich Science-Fiction-Autoren offenbar noch nicht richtig zu Eigen gemacht haben. Wie ihr Name –String, englisch für „Saite“- besagt, sind diese Objekte lang und haben nur einen winzigen Querschnitt. Tatsächlich gleichen sie eher Gummibändern, weil sie unter enormer Spannung stehen – im Bereich von 100 Milliarden, Milliarden, Milliarden Tonnen. Würde man einen kosmischen String an der Sonne befestigen, könnte er die Sonne in einer dreißigstel Sekunde von null auf 60 beschleunigen.

Kosmische Strings mögen den Eindruck erwecken, sie wären weit hergeholt und reine Science-Fiction, aber es gibt gute wissenschaftliche Gründe für die Annahme, dass sie sich kurz nach dem Urknall in dem sehr frühen Universum gebildet haben. Da sie unter extremer Spannung stehen, wäre denkbar, dass sie fast Lichtgeschwindigkeit erreichen.

Sowohl das Gödel-Universum wie die Raumzeit der extrem schnellen kosmischen Strings sind von Anfang an so verformt und gekrümmt, dass Reisen in die Vergangenheit möglich erscheinen. Gott könnte ein solches gekrümmtes Universum geschaffen haben, aber wir haben keinen Grund zu der Annahme, dass er es tatsächlich getan hat. Alle Anhaltspunkte sprechen dafür, dass das Universum im Urknall ohne eine Krümmung begann, die groß genug gewesen wäre, um Reisen in die Vergangenheit zu gestatten.

Da wir den Anfang des Universums nicht verändern können, bleibt nur die Frage, ob wir im Nachhinein die Raumzeit so krümmen können, dass wir in die Vergangenheit zurückkönnen. Ich denke, es ist ein wichtiges Forschungsthema, bei dem man darauf achten sollte, nicht als Sonderling abgestempelt zu werden. Ein Antrag auf Mittel für ein Forschungsprojekt über Zeitreisen würde sicher auf der Stelle abgeschmettert werden. Keine Regierungsbehörde könnte es sich leisten, öffentliche Gelder für ein Vorhaben auszugeben, das in irgendeiner Weise mit Zeitreisen in Verbindung zu bringen wäre. Stattdessen verwenden wir Fachbegriffe wie geschlossene zeitähnlich Kurven als Codenamen für Zeitreisen. Allerdings verbirgt sich dahinter ein sehr ernstes Problem. Da die Allgemeine Relativitätstheorie Zeitreisen zulässt, stellt sich die Frage: Gilt das auch für unser Universum? Und wenn nicht, warum nicht? Eng verwandt mit dem Problem der Zeitreisen ist die Fähigkeit, von einer Position im Raum rasch zu einer anderen zu gelangen. Wie erwähnt, hat Einstein gezeigt, dass man eine unendliche Energiemenge bräuchte, um ein Raumschiff auf eine Geschwindigkeit jenseits der Lichtgeschwindigkeit zu beschleunigen. Wenn wir also in einer vernünftigen Zeitspanne von einer Seite der Milchstraße zur anderen gelangen wollen, müssten wir dazu wohl die Raumzeit so krümmen, dass eine kleine Röhre oder ein Wurmloch entstünde. Das könnte die beiden Seiten der Milchstraße miteinander verbinden und als Abkürzung dienen, die es uns erlaubte, die Hin- und Rückreise noch zu Lebzeiten unserer Freunde zu absolvieren. Man hat ernsthaft vermutet, dass solche Wurmlöcher von einer künftigen Zivilisation angelegt werden könnten.

Doch wenn Sie in ein oder zwei Wochen von einer Seite der Galaxis zur andern reisen könnten, wäre es auch möglich, dass Sie in einem anderen Wurmloch zurückreisten und an Ihrem Ausgangspunkt anlangten, bevor Sie aufgebrochen wären. Sie können sogar mit einem einzigen Wurmloch in der Zeit zurückreisen, wenn sich seine beiden Enden relativ zueinander bewegten.

Es lässt sich nachweisen, dass zur Herstellung eines Wurmlochs die Raumzeit umgekehrt gekrümmt werden muss, wie sie von gewöhnlicher Materie gekrümmt wird. Gewöhnliche Materie krümmt die Raumzeit in sich zusammen, wie die Oberfläche der Erde. Doch um ein Wurmloch zu erzeugen, braucht man Materie, die die Materie entgegengesetzt krümmt, wie die Oberfläche eines Sattels. Das gleiche gilt für jede Krümmung der Raumzeit, die Reisen rückwärts in der Zeit ermöglicht – es sei denn, das Universum wäre von Anfang an so gekrümmt, dass es Zeitreisen zugelassen hätte. Man brauchte also Materie mit negativer Masse und negativer Energiedichte, wenn man die Raumzeit in der erforderlichen Weise krümmen wollte.

Energie ist wie Geld. Wenn Sie ein Guthaben auf der Bank haben, können Sie es in unterschiedlicher Weise ausgeben. Aber nach den klassischen Gesetzen, die noch bis vor kurzem allgemein akzeptiert wurden, war keine Energieüberziehung erlaubt. Daher hätten diese klassischen Gesetze uns untersagt, das Universum in der für Zeitreisen erforderlichen Weise zu krümmen. Doch die klassischen Gesetze wurden von der Quantentheorie verdrängt, die neben der Allgemeinen Relativitätstheorie die zweite große Revolution unseres Weltbildes war. Die Quantentheorie ist großzügiger und erlaubt uns Überziehungen auf ein oder zwei Konten. Wenn die Banken dort ebenso entgegenkommend wären! Mit anderen Worten, die Quantentheorie lässt zu, dass die Energiedichte an einigen Orten negativ ist, vorausgesetzt, sie ist an anderen positiv.

Der Grund, warum die Quantentheorie die Energiedichte erlauben kann, negativ zu sein, hängt mit der Unschärferelation zusammen. Diese besagt, dass bestimmte Größen wie Position und Geschwindigkeit eines Teilchens nicht beide genau definierte Werte haben können. Je genauer die Position eines Teilchens bestimmt ist, desto größer ist die Ungewissheit seiner Geschwindigkeit und umgekehrt. Die Unschärferelation gilt auch für das elektromagnetische Feld oder das Gravitationsfeld. Sie setzt voraus, dass diese Felder nicht genau gleich null sein können, selbst wenn es sich vermeintlich leeren Raum handelt. Denn dann wären sie genau gleich null, hieße das, dass ihre Werte eine exakt definierte Position bei null und eine exakt definierte Geschwindigkeit bei null hätten. Das wäre eine Verletzung der Unschärferelation, stattdessen haben die Felder ein bestimmtes Mindestmaß an Fluktuationen. Man kann diese sogenannten Vakuumfluktuationen als Partner von Teilchen und Antiteilchen interpretieren, die plötzlich gemeinsam auftauchen, sich voneinander entfernen, dann wieder zusammenkommen, um sich gegenseitig zu vernichten.

Diese Teilchen-Antiteilchen-Paare heißen virtuell, weil sie sich nicht direkt mit einem Teilchendetektor nachweisen lassen. Aber wir können ihre Wirkung beobachten: etwa durch den Casimir-Effekt. Stellen Sie sich vor, Sie hätten zwei parallele Metallplatten, die durch einen kleinen Abstand getrennt sind. Die Platten sind wie Spiegel für die virtuellen Teilchen und Antiteilchen. Die Folge ist, dass die Region zwischen den Planeten wie eine Orgelpfeife wirkt und nur Lichtwellen bestimmter Resonanzfrequenzen zulässt. Das Ergebnis: Es gibt etwas weniger Vakuumfluktuationen oder virtuelle Teilchen zwischen den Platten als außerhalb, wo die Vakuumfluktuationen jede Wellenlänge haben können. Die Reduzierung der Zahl virtueller Teilchen zwischen den Platten bedeutet, dass sie die Platten nicht zu häufig und damit einen geringeren Druck auf diese ausüben als die virtuellen Teilchen draußen. Es gibt also eine schwache Kraft, die die Platten zusammendrückt. Diese Kraft hat man experimentell gemessen. Diese virtuellen Teilchen gibt es also wirklich und sie üben eine reale Wirkung aus. Da es weniger virtuelle Teilchen oder Vakuumfluktuationen zwischen den Platten gibt, liegt dort eine geringere Energiedichte vor als in der Region draußen. Aber die Energiedichte des leeren Raumes in größter Entfernung von den Platten muss null sein, sonst wäre die Raumzeit gekrümmt und das Universum nicht mehr fast flach. Folglich muss die Energiedichte in der Region zwischen den Platten negativ sein. Die Ablenkung des Lichtes belegt dabei experimentell die Raumzeitkrümmung und bestätigt durch den Casimir-Effekt, dass wir die Raumzeit negativ krümmen können. Es erscheint also als möglich, dass wir bei entsprechenden Fortschritten in Wissenschaft und Technik eines Tages in der Lage sein werden, ein Wurmloch zu konstruieren oder Raum und Zeit auf eine andere Weise zu krümmen, die uns erlaubt, in der Zeit zurückzureisen. Wenn dies der Fall wäre, würde dies eine Vielzahl von Fragen und Problemen aufwerfen. Wenn wir beispielsweise in der Zukunft

lernten, Zeitreisen zu unternehmen, müssten wir uns fragen, warum noch niemand aus der Zukunft zurückgekommen ist, um uns zu zeigen, wie man das macht. Selbst wenn es vernünftige Gründe gäbe, uns unwissend zu lassen, da die menschliche Natur nun einmal ist, wie sie ist, kann ich mir kaum vorstellen, das nicht irgendein Angeber der Versuchung unterläge und uns unterbelichteten Bauern das Geheimnis der Zeitreise verriete. Natürlich behaupten einige Leute, wir hätten schon Besuch aus der Zukunft gehabt.
Sie sagen, Ufos seien aus der Zukunft gekommen und Regierungen hätten eine gewaltige Verschwörung angezettelt, um diese Ereignisse totzuschweigen und sich die wissenschaftlichen Erkenntnisse der Besucher unter den Nagel zu reißen. Dazu kann ich lediglich sagen: Wenn die Regierungen tatsächlich etwas verbergen würden, hätten sie sich bei dem Versuch, den Außerirdischen nützliche Informationen zu entlocken, nicht gerade mit Ruhm bekleckert.
Ich bin ziemlich skeptisch gegenüber Verschwörungstheorien und glaube eher an Pfusch. Die Berichte über Ufo-Erscheinungen können nicht alle auf echten Begegnungen mit Außerirdischen beruhen, da sie sich gegenseitig widersprechen. Doch wenn sie zugeben, dass einige falsch und oder halluziniert sind, ist da nicht die Annahme wahrscheinlicher, dass sie es alle sind, als zu glauben, dass wir tatsächlich von Leuten aus der Zukunft oder von der anderen Seite der Milchstraße besucht worden sind? Wenn sie die Erde wirklich kolonisieren oder uns vor irgendeiner Gefahr warnen wollten, dann würden sie sich ziemlich ungeschickt anstellen. Eine Möglichkeit, Zeitreisen mit der Tatsache zu vereinbaren, dass wir offenbar noch keine Besucher aus der Zukunft hatten, wäre die Annahme, dass solche Reisen nur in die Zukunft stattfinden können. Die Raumzeit wurde demnach in unserer Vergangenheit festgelegt, denn wir haben sie beobachtet und wir haben gesehen, dass sie nicht hinreichend gekrümmt ist, um Zeitreisen in die Vergangenheit zu ermöglichen.

Aber die Zukunft steht uns offen. Folglich könnten wir eines Tages in der Lage sein, eine Krümmung zu erzeugen, die uns Zeitreisen erlaubt. Aber da wir die Raumzeit nur in der Zukunft krümmen können, wären wir nicht in der Lage, in die Gegenwart oder in die Vergangenheit, also in eine noch frühere Zeit, zurückzureisen. Diese Annahme würde erklären, warum wir noch nicht von Touristen aus der Zukunft überlaufen sind. Aber es gibt noch viele weitere Paradoxa. Nehmen wir an, Sie könnten mit einem Raumschiff davonfliegen und zurückkommen, bevor sie aufgebrochen sind. Was würde sie daran hindern, die Rakete auf der Startrampe in die Luft zu sprengen oder in irgendeiner anderen Weise Ihren Abflug zu vereiteln? Man kennt andere Versionen dieses Paradoxons. So wäre denkbar, dass Sie in der Zeit zurückgehen und Ihre Eltern umbringen, bevor Sie geboren wurden, aber im Kern ähneln sich diese paradoxen Beispiele alle. Anscheinend sind nur zwei Lösungen möglich.

Die eine möchte ich als den Ansatz der konsistenten Geschichten bezeichnen. Danach hat man eine konsistente, also widerspruchsfreie Lösung für die physikalischen Gleichungen zu finden, selbst wenn die Raumzeit so gekrümmt sein sollte, dass wir in die Vergangenheit reisen könnten. Uns wäre es dann möglich, mit dem Raumschiff in die Vergangenheit aufzubrechen, es sei denn, wir wären bereits zurückgekehrt und hätten die Startrampe in die Luft gesprengt. Es ist ein schlüssiges Bild, setzt aber voraus, dass wir vollkommen determiniert sind: Wir könnten unsere Meinung nicht ändern. So viel zum freien Willen.

Die andere Möglichkeit bezeichne ich als den Ansatz der alternativen Geschichten. Er wurde von dem Physiker David Deutsch vertreten und scheint Steven Spielberg inspiriert zu haben, als er seinen Film „Zurück in die Zukunft“ drehte. Dabei ist eine mögliche alternative Geschichte, dass es keine Rückkehr aus der Zukunft gibt, bevor die Rakete gestartet ist, daher auch keine Möglichkeit, dass sie

vor dem Start zerstört wird. Aber wenn der Reisende aus der Zukunft zurückkehrt, tritt er in eine andere alternative Geschichte ein.
Darin macht die Menschheit eine gewaltige Anstrengung, ein Raumschiff zu bauen, aber bevor es gestartet werden soll, erscheint ein ähnliches Raumschiff von der anderen Seite der Milchstraße und zerstört das erste.
Für David Deutsch erhält sein Ansatz der alternativen Geschichte vom Konzept der Summe über alle Geschichten des Physikers Richard Feynman Unterstützung. Danach hat das Universum infolge der Quantentheorie nicht nur eine einzige Geschichte, sondern alle Geschichten die möglich sind, wobei jede ihre eigene Wahrscheinlichkeit besitzt. Es muss eine mögliche Geschichte geben, in der dauerhaft Frieden im Nahen Osten herrscht, mag die Wahrscheinlichkeit auch gering sein. In einigen Geschichten wird die Raumzeit so gekrümmt, dass Objekte wie Raketen in der Lage sind, in ihre jeweilige Vergangenheit zurückzukehren.
Aber jede Geschichte ist vollständig und in sich abgeschlossen, wobei sie die gekrümmte Raumzeit und die Objekte, die in ihr enthalten sind, beschreibt. Eine Rakete kann daher nicht zu einer anderen alternativen Geschichte wechseln, wenn eine andere Rakete wieder vorbeikommt. Es ist immer noch dieselbe Geschichte, die in sich schlüssig sein muss. Daher bin ich trotz aller Behauptungen von Deutsch der Meinung, dass das Konzept der Summe über alle Geschichten eher die Hypothese der konsistenten Geschichten stützt als die Idee der alternativen Geschichten.
Es sieht also so aus, als kämen wir um das Konzept der konsistenten Geschichten nicht herum. Das muss allerdings nicht unbedingt Probleme mit dem Determinismus oder dem freien Willen aufwerfen, wenn die Wahrscheinlichkeiten von Geschichten, in denen die Raumzeit so gekrümmt ist, dass Zeitreisen in einer makroskopischen Region möglich sind, äußerst gering sind. Das habe ich die

Chronologie-Schutz-Vermutung genannt: Die Gesetze der Physik verschwören sich, um Zeitreisen auf der makroskopischen Größenskala zu verhindern.

Wäre die Raumzeit in sich fast so gekrümmt, dass Reisen in die Vergangenheit möglich würden, dann scheinen virtuelle Teilchen fast reale Teilchen werden zu können und geschlossenen Bahnen zu folgen. Die Dichte der virtuellen Teilchen und ihre Energie werden dann sehr groß. Die Wahrscheinlichkeit dieser Geschichten ist also sehr gering. Folglich scheint es eine Chronologie-Schutz-Behörde zu geben, die dafür sorgt, dass sich Historiker in dieser Welt sicher fühlen. Aber das Forschungsfeld von Raum- und Zeitkrümmungen steckt noch in seinen Kinderschuhen. Der Vereinheitlichung der Stringtheorie zufolge müsste die Raumzeit elf Dimensionen umfassen und nicht nur die vier, die sich unserer Erfahrung erschließen. Diese Vereinheitlichung der Stringtheorie- auch als M-Theorie bekannt – ist unsere beste Kandidatin, der es gelingen könnte, die Allgemeine Relativitätstheorie und die Quantentheorie zu einer Theorie von Allem zu vereinheitlichen. Dem liegt die Vorstellung zugrunde, dass sieben dieser elf Dimensionen so eng in einem Raum aufgewickelt sind, dass wir sie nicht bemerken. Andererseits sind die verbleibenden vier Dimensionen mit den sieben stark gerollten oder gekrümmten Dimensionen zu mischen.

Was sich daraus ergeben könnte, wissen wir noch nicht. Doch es eröffnet faszinierende Möglichkeiten. Abschließend können wir feststellen, dass rasche Raumreisen oder Reisen in die Vergangenheit nach unserem gegenwärtigen Wissensstand nicht ausgeschlossen werden können. Sie würden allerdings große logische Probleme aufwerfen, daher können wir nur hoffen, dass das Chronologie-Schutz-Gesetz die Menschen daran hindert, in der Zeit zurückzureisen und ihre Eltern umzubringen. Hoffnung könnte die String-theorie bringen.

Macht es Sinn, eine Party für Zeitreisende zu veranstalten? Würdest du hoffen, dass jemand auftaucht?

Im Jahr 2009 veranstaltete ich eine Party für Zeitreisende in meinem College, Gonville & Caius in Cambridge, um einen Film über Zeitreisen zu zeigen.
Damit nur echte Zeitreisende kommen, habe ich die Einladungen erst nach der Party verschickt. Am Tag der Party saß ich im College und hoffte, aber niemand kam.
Ich war enttäuscht, aber nicht überrascht, denn ich hatte ja gezeigt, dass Zeitreisen nicht möglich sind, wenn die Allgemeine Relativitätstheorie stimmt und die Energiedichte positiv ist. Aber ich hätte mich riesig gefreut, wenn eine meiner Annahmen sich als falsch herausgestellt hätte.

Meinung anderer Wissenschaftler und des Autors:
Als Zeitreise bezeichnet man in der Physik und der Science-Fiction eine Bewegung in der Zeit, die vom gewöhnlichen gerichteten Ablauf abweicht, bzw. auch eine Bewegung durch die Zeit. Mittels der Relativitätstheorie sind Szenarien beschreibbar, in denen durch den Effekt der Zeitdilatation „Reisen“ in die Zukunft stattfinden. Dass hingegen auch Reisen in die Vergangenheit, wie sie in vielen Werken der Science-Fiction beschrieben werden, überhaupt physikalisch, logisch oder metaphysisch möglich seien, wird vielfach bezweifelt.

Reisen in die Zukunft: Verlässt man mit einem fast lichtschnellen Raumschiff die Erde und kehrt nach Ablauf einer bestimmten Reisedauer wieder zurück, ist auf der Erde ein längerer Zeitraum verstrichen als an Bord des Raumschiffes. Die Ursache dafür ist die Zeitdilatation, die nach der speziellen Relativitätstheorie von Albert Einstein bei derartig hohen Geschwindigkeiten auftritt.

Bei hinreichend großer Reisegeschwindigkeit und Beschleunigung wäre dabei im Prinzip in beliebig kurzer Reisedauer für den Reisenden eine beliebig ferne Zukunft auf der Erde erreichbar. Für ein Objekt, das sich mit Vakuumlichtgeschwindigkeit bewegt, würde die Zeit stillstehen.
Nach der allgemeinen Relativitätstheorie ist der Lauf der Zeit auch von den Gravitations- und Beschleunigungsbedingungen abhängig, denen ein System unterworfen ist. So vergeht die Zeit etwa auf einem hohen Berg geringfügig schneller als auf Meereshöhe.

Reisen in die Vergangenheit

Bei dem derzeitigen Stand der Wissenschaft sind Zeitreisen in die Vergangenheit prinzipiell nicht möglich. Bestehende Theorien, nach denen eine solche Reise möglich sei, sind spekulativ und umstritten. Unbestritten ist jedenfalls, dass die praktische Umsetzung derartiger Theorien durch den Menschen in absehbarer Zeit nicht möglich ist.

Kapitel 7

WERDEN WIR AUF DER ERDE ÜBERLEBEN?

Stephen Hawking:
Im Januar 2018 stellte "The Bulletin of the Atomic Scienctists", eine Körperschaft, die einige Physiker begründeten, die am Manhatten-Projekt gearbeitet hatten, die Atomkriegsuhr oder auch Doomsday Clock auf zwei Minuten vor zwölf. Mit der Atomkriegsuhr, die auch als „Uhr des Jüngsten Gerichts" bekannt ist, wird der Abstand zu der Katastrophe – sei sie militärischer oder ökologischer Art – gemessen, die unserem Planeten bevorsteht.
Die Uhr hat eine interessante Geschichte. Sie wurde im Jahr 1947 in Betrieb genommen, zu einem Zeitpunkt also, als das Atomzeitalter erst begonnen hatte. Robert Oppenheimer, wissenschaftlicher Leiter des Manhatten-Projekts, sagte später über die Explosion einer ersten Atombombe, die zwei Jahre zuvor, am 16. Juli 1945, stattgefunden hatte: „Wir wussten, dass die Welt nicht mehr dieselbe sein würde. Einige wenige Menschen lachten, einige wenige weinten, die meisten waren still. Ich musste an eine Zeile aus der Bhagavadgita denken, der heiligen Schrift der Hindus: „Jetzt bin ich der Tod geworden, Zertrümmerer der Welten".
Im Jahr 1947 stand die Uhr auf sieben Minuten vor zwölf. Heute ist sie dem Doomsday (Tag des Weltuntergangs oder des Jüngsten Gerichts) näher als je zuvor, außer in den frühen 1950er Jahren (1953), zu Beginn des Kalten Krieges. Diese Uhr und ihre Zeitanzeige haben natürlich rein symbolische Bedeutung, aber als Wissenschaftler sehe ich mich genötigt, diese alarmierende Warnung anderer Wissenschaftler ernst zu nehmen, die zumindest teilweise durch die Wahl von Donald Trump motiviert war. Ist diese Uhr, verbunden mit der Vorstellung, dass die Zeit tickt oder für die Menschen sogar abläuft,

realistisch oder Panikmache? Kommt ihre Warnung zur rechten Zeit – oder ist alles nur Zeitverschwendung?
An der Zeit habe ich ein eminent persönliches Interesse. Erstens trug mein Bestseller – der Hauptgrund, weswegen ich über die Grenzen der Wissenschaft hinaus bekannt bin – den Titel: Eine kurze Geschichte der Zeit. Womöglich halten mich viele Menschen für einen Zeit-Experten, obwohl es in unserer Zeit nicht unbedingt ein Vorteil ist, ein Experte zu sein. Zweitens bin ich in einem ganz anderen Sinn Zeit-Experte: Als jemand, der mit 21 Jahren von den Ärzten erfuhr, dass er noch fünf Jahre leben werde, und im Jahr 2018 76 Jahre alt geworden ist, habe ich ein ausgesprochen persönliches Verhältnis zur Zeit.
Wie die Zeit verrinnt, ist mir unangenehm und überdeutlich bewusst und die überwiegende Zeit meines Lebens habe ich im Gefühl gelebt, dass die Zeit, die mir gewährt wurde, geborgt ist, wie man so sagt.
Unsere Welt ist politisch offensichtlich instabiler als je zuvor in meiner Erinnerung. Viele Menschen haben das Gefühl, wirtschaftlich und gesellschaftlich abgehängt zu sein. Das hat zur Folge, dass sie sich Populisten oder zumindest populären Politikern anschließen, die nur begrenzte Regierungserfahrungen haben und deren Fähigkeit, in einer Krise einen kühlen Kopf zu bewahren, sich erst noch erweisen muss. Und deshalb muss der Zeiger der Atomuhr näher an den kritischen Punkt herangerückt werden, denn die Wahrscheinlichkeit nimmt zu, dass leichtfertige oder böswillige Kräfte eine weltweite Katastrophe auslösen.
Die Erde ist in so vieler Hinsicht bedroht, dass es mir schwerfällt, optimistisch zu sein. Die Bedrohungen sind zu gewaltig, und es sind zu viele. Erstens: Die Erde wird zu klein für uns. Unsere Ressourcen wie beispielsweise die Bodenschätze erschöpfen sich mit rasanter Geschwindigkeit. Wir haben unserem Planeten das katastrophale Geschenk des Klimawandels beschert.

Steigende Temperaturen, Rückgang der Polkappen, Waldsterben, Überbevölkerung, Krankheiten, Krieg, Hungersnot, Wassermangel und die Dezimierung der Tierarten – eigentlich alles lösbare Probleme, die aber sämtliche bis heute nicht gemeistert sind.
Wir alle verursachen eine globale Erwärmung. Wir wollen Autos, Reisen, einen höheren Lebensstandard. Das Problem ist nur: Wenn die Menschen schließlich merken, was sie anrichten, ist es höchstwahrscheinlich schon zu spät. Wir stehen an der Schwelle eines zweiten Atomzeitalters und einer Periode eines noch nie dagewesenen Klimawandels. Wissenschaftler haben eine besondere Verantwortung dafür, die Öffentlichkeit zu informieren und die politischen Führungspersönlichkeiten hinsichtlich der Gefahren zu beraten, vor denen die Menschheit steht. Als Naturwissenschaftler kennen wir die Gefahren von Atomwaffen und ihre verheerenden Auswirkungen. Wir haben studiert, wie menschliche Aktivitäten und Technologien die Klimasysteme in einer Art und Weise angreifen, die das Leben auf Erden auf Dauer verändern kann. Als Weltbürger haben wir die Pflicht, dieses Wissen nicht für uns zu behalten, sondern die Öffentlichkeit auf die unnötigen Risiken hinzuweisen, mit denen wir täglich leben. Wir sehen eine große Gefahr auf uns zukommen, wenn Regierungen und Gesellschaften jetzt nichts unternehmen, um Atomwaffen jetzt überflüssig zu machen und dem fortgesetzten Klimawandel jetzt Einhalt zu gebieten.
Gleichzeitig leugnen viele der besagten Politiker die Realität eines vom Menschen verursachten Klimawandels – oder jedenfalls die Fähigkeit des Menschen ihn aufzuhalten, und das genau zur selben Zeit, da unsere Welt mit mehreren höchst bedrohlichen Umweltkrisen konfrontiert ist. Die akute Gefahr besteht, dass die globale Erwärmung selbsterhaltend wird, wenn das nicht schon eingetreten ist. Das Abschmelzen der Eiskappen in der Arktis und Antarktis reduziert den Anteil an Sonnenenergie, der in den Weltraum zurückgestrahlt wird,

und erhöht die Temperatur noch weiter. Der Klimawandel vernichtet mutmaßlich den Regenwald im Amazonasgebiet und andere Regenwälder, womit einer der wichtigsten natürlichen Prozesse verschwindet, durch den Kohlendioxid aus der Atmosphäre beseitigt wird. Der Anstieg der Meerestemperatur könnte große Mengen Dioxid freisetzen. Beide Phänomene würden den Treibhauseffekt und damit die globale Erwärmung insgesamt verstärken. Beide Auswirkungen könnten dazu führen, dass wir ein Klima wie das auf der Venus bekommen: siedend heiß, Schwefel-Säureregen und eine Temperatur von weit über 250 Grad. Menschliches Leben wäre nicht mehr möglich. Wir müssen mehr tun, als das Kyoto-Protokoll vorgibt. Dieses internationale Abkommen, das 1997 beschlossen wurde, verlangt, dass wir jetzt die Kohlendioxidemissionen radikal reduzieren. Die Technologie dazu haben wir. Nur der politische Wille dazu fehlt uns. Wir können ein ignoranter, gedankenloser Haufe sein. Als wir in der Geschichte mit anderen vergleichbaren Krisen konfrontiert waren, konnte man sich anderswo ansiedeln. Man denke nur an Kolumbus und seine Entdeckung der Neuen Welt 1492. Aber jetzt gibt es keine Neue Welt mehr, kein Utopia gleich um die Ecke. Unser Lebensraum wird knapp. Uns bleibt keine andere Wahl, als auf andere Welten auszuweichen.

Das Universum ist ein Weltraum voller Gewalt: Sterne verschlingen Planeten, Supernovas feuern tödliche Strahlen ab, Schwarze Löcher prallen aufeinander, und Asteroiden rasen mit einer Geschwindigkeit von Hunderten von Meilen pro Sekunde durchs All. Natürlich lassen diese Phänomene den Weltraum nicht sonderlich einladend erscheinen, aber sie sind genau die Gründe, warum wir uns ins All hinaus wagen sollten, statt auf der Erde stillzuhalten.

Dem Zusammenstoß mit einem Asteroiden hätten wir nichts entgegenzusetzen. Der letzte Zusammenstoß fand vor 70 Millionen Jahren statt, er vernichtete die Dinosaurier, und es wird wieder dazu kommen. Science-Fiction ist das keineswegs, sondern es ist durch die Naturgesetze und die Gesetzmäßigkeiten der Wahrscheinlichkeit vorgegeben. Gegenwärtig bedeutet ein Atomkrieg wahrscheinlich immer noch die größte Bedrohung für die Menschheit – eine Gefahr, die wir schon fast verdrängt haben. Russland und die USA sind nicht mehr ganz so kriegsbereit, dennoch verfügen sie nach wie vor über so viele atomare Sprengköpfe, dass sie alles, was auf dem Planeten lebt, vernichten könnten. Nehmen wir an, es kommt zu einem Unfall, oder Terroristen bemächtigen sich dieses Arsenals. Ferner nimmt das Risiko mit der Anzahl der Länder zu, die über Atomwaffen verfügen. Selbst nach dem Ende des kalten Krieges gibt es immer noch genügend Atomwaffen, um uns alle auszulöschen, und das mehrfach, und neue Nuklearnationen steigern die Instabilität noch weiter. Im Lauf der Zeit mag die atomare Bedrohung vielleicht zurückgehen – dafür werden sich andere Bedrohungen entwickeln. Deshalb müssen wir wachsam bleiben. Eine nukleare Konfrontation oder eine Umweltkatastrophe, das halte ich für nahezu unwahrscheinlich, die Erde auf die eine oder andere Weise irgendwann in den kommenden 1000 Jahren zu verheeren – auf der großen geologischen Zeitachse ein kurzer Augenblick. Ich hoffe und glaube, dass unsere geniale Gattung bis dahin einen Weg gefunden hat, den beklemmenden Grenzen der Erde zu entkommen und die Katastrophe zu überleben. Den Millionen anderer Arten, die auf der Erde leben, wir das womöglich nicht vergönnt sein – das haben wir dann als Gattung uns selbst zuzuschreiben.

Mit unserer Zukunft auf dem Planeten Erde gehen wir nach meiner Überzeugung mit unverantwortlicher Gleichgültigkeit um. Ausweichmöglichkeiten haben wir momentan keine, aber auf Dauer sollte die Gattung Mensch wirklich nicht bloß auf eine Möglichkeit setzen – nicht alle Eier in einem Korb aufheben: oder auf einem Planeten. Hoffentlich lassen wir den Korb bis dahin nicht fallen. Aber

wir sind ja von unserer Veranlagung her Entdecker. Angetrieben von Neugier – eine spezifisch menschliche Eigenschaft.
Ihre unersättliche Neugier motiviert die Entdecker dazu zu beweisen, dass die Erde keine Scheibe ist. Und genau dieser Instinkt schickt uns mit der Schnelligkeit unserer Gedanken zu den Sternen und drängt uns, uns auch wirklich dorthin zu begeben. Und jedes Mal, wenn wir wie bei den Mondlandungen, einen bedeutenden Schritt vorwärts gehen, bringen wir die Menschheit voran, wir bringen Menschen und Nationen zusammen, stoßen neue Entdeckungen und neue Technologien an. Das Projekt, die Erde zu verlassen, setzt eine globale konzertierte Aktion voraus; jeder sollte daran beteiligt sein. Wir müssen die Begeisterung der frühen Tage der Weltraumreisen in den 1960er Jahren wieder entfachen. Die nötige Technologie ist fast schon in Reichweite. Es ist an der Zeit, andere Sonnensysteme zu erforschen. Der Aufbruch ins Weltall ist vielleicht die einzige Möglichkeit, uns vor uns selbst zu retten. Die Menschen müssen, davon bin ich überzeugt, die Erde verlassen. Wir riskieren, ausgelöscht zu werden, sollten wir bleiben.

Abgesehen von meiner Hoffnung auf die Erkundung des Weltraums – wie wird die Zukunft aussehen, und wie kann uns die Wissenschaft helfen? Das populäre Bild der Wissenschaft in der Zukunft wird in Science-Fiction-Serien wie Star-Trek vorgeführt. Sogar mich haben sie dazu überredet, daran mitzuwirken (was nicht sonderlich schwer war). Der Auftritt hat Spaß gemacht, und ich erwähne ihn nur, um ein ernstes Argument vorzubringen. Fast sämtliche Zukunftsvisionen, die wir kennen, angefangen von H.G. Wells, sind im Prinzip statisch. Sie zeigen eine Gesellschaft, die im Vergleich zu unserer in vielerlei Hinsicht weit fortgeschritten ist – auf wissenschaftlichem und technischem Gebiet und was die politische Verfassung angeht. Letzteres dürfte auch nicht allzu schwer sein. Es muss in der Zeit zwischen unserer Gegenwart und der dargestellten Zukunft zu großen Veränderungen gekommen sein, die natürlich mit Spannungen und Störungen einhergingen. Doch in dem Zeitraum, der uns vorgeführt wird, haben die zukünftige Wissenschaft, Technik und Gesellschaft einen Zustand von fast vollkommener Perfektion erreicht. Ich glaube nicht an dieses Bild und frage mich, ob wir überhaupt je einen endgültigen, stabilen Zustand in Wissenschaft und Technik erreichen können. Zu keiner Zeit in den rund 10 000 Jahren seit der letzten Eiszeit war die Menschheit im Zustand konstanten Wissens und etablierter Technologie. Rückschläge wie das Mittelalter nach dem Untergang des römischen Reiches gab es zwar, aber die Weltbevölkerung – ein Maßstab für unsere technologischen Fähigkeit, Leben zu erhalten und uns zu ernähren – ist stetig gewachsen, von wenigen Einbrüchen wie der Pest abgesehen. In den vergangenen 200 Jahren wurde das Wachstum exponentiell, das heißt die Bevölkerung nimmt jährlich um denselben Prozentsatz zu. Momentan liegt die Rate bei jährlich 1,9 Prozent. Vielleicht klingt 1,9 Prozent nicht besonders eindrucksvoll, es bedeutet freilich, dass die Weltbevölkerung sprunghaft von einer auf etwa 7,6 Milliarden Menschen angewachsen ist. Andere Messgrößen für die technische Entwicklung in der Vergangenheit sind der Stromverbrauch oder die Anzahl wissenschaftlicher Artikeln. Auch sie zeigen ein exponentielles Wachstum mit einer Verdoppelungszeit von 40 Jahren oder weniger. Wir haben mittlerweile so übersteigerte Erwartungen, dass manche Leute sich von Politikern und Wissenschaftlern betrogen fühlen, weil wir die utopischen Zukunftsvisionen nicht bereits eingeholt haben. So erzählt beispielsweise der Film 2001: Odyssee im Weltraum von einem Stützpunkt auf dem Mond und von einem bemannten Flug zum Jupiter.

Nichts deutet darauf hin, dass die Entwicklung von Wissenschaft und Technik in nächster Zeit sich drastisch verlangsamen und an einen

Endpunkt gelangen wird. Mit Sicherheit wird das nicht bis zu der Zeit geschehen sein, in der Star-Trek spielt, und diese Zeit liegt nur 350 Jahre in der Zukunft. Die gegenwärtige Wachstumsrate darf sich hingegen in unserem Jahrtausend keineswegs fortsetzen. Im Jahr 2600 würde die Weltbevölkerung Schulter an Schulter stehen, und der Stromverbrauch ließe den Globus erglühen. Wenn Sie die neuen Bücher, die dann veröffentlicht werden, in einer Reihe nebeneinander aufstellen würden, mit der gegenwärtigen Publikationsrate an gedruckten Büchern, müssten Sie sich mit etwa 150 Stundenkilometern fortbewegen, um nur mit den letzten erschienen Büchern am Ende der Reihe auf gleicher Höhe zu bleiben. Natürlich werden bis zum Jahr 2600 neue literarisch und wissenschaftliche Veröffentlichungen in elektronischer Form erscheinen und nicht mehr als physische Bücher oder Aufsätze. Dennoch – wenn das exponentielle Wachstum anhält, würden in meiner Sparte, der Theoretischen Physik, zehn Aufsätze pro Sekunde erscheinen, aber es gebe keine Zeit mehr, sie zu lesen. Natürlich kann es mit dem gegenwärtigen exponentiellen Wachstum nicht unendlich so weitergehen. Was wird also geschehen? Eine Möglichkeit:

Wir löschen uns durch eine Katastrophe wie einen Atomkrieg vollständig aus. Aber selbst wenn wir uns nicht vollständig selbst zerstören, könnten wir in einen Zustand der Brutalität und Barbarei zurückfallen wie in der Eröffnungsszene des Filmes Terminator.

Wie werden wir die Naturwissenschaften und die Technik im Laufe des kommenden Jahrtausends weiterentwickeln? Das ist schwer zu sagen. Aber lassen Sie mich trotzdem einige Vorhersagen riskieren. Mit einer gewissen Wahrscheinlichkeit behalte für die kommenden 100 Jahre recht – der Rest des Jahrtausends ist reine Spekulation.

Unser modernes Verständnis von Wissenschaft begann etwa zur gleichen Zeit wie die europäische Besiedlung von Nordamerikas, und gegen Ende des 19. Jahrhunderts schienen wir im Begriff zu sein, ein vollkommenes Verständnis des Universums im Rahmen dessen zu erreichen, was heute als klassisches Gesetz bekannt ist. Im 20. Jahrhundert aber begannen Beobachtungen zu zeigen, dass Energie nur in diskreten Paketen namens Quanten abgegeben und aufgenommen wird: Eine neue Art von Theorie namens Quantenmechanik wurde von Max Planck und anderen Wissenschaftlern formuliert. So entstand ein völlig anderes Bild der Wirklichkeit: Die Dinge haben keine einzigartige unverwechselbare Geschichte mehr, sondern können jede mögliche Geschichte mit einer eigenen Wahrscheinlichkeit durchlaufen. Wenn wir die Teilchen einzeln betrachten, müssen die möglichen Geschichten der Teilchen auch Pfade berücksichtigen, die schneller als das Licht durcheilt werden, und sogar Pfade aufweisen, die rückwärts in der Zeit verlaufen.

Wege, die in die Vergangenheit führen, sind nicht nur müßige Gedankenspiele. Diese Wege haben auch wirkliche Konsequenzen für die Beobachtung. Denn selbst das, was wir als leeren Raum betrachten, ist voll von Teilchen, die sich in geschlossenen Kreisläufen in Raum und Zeit bewegen. Vorwärts bewegen sich die Teilchen in der Zeit auf der einen Seite der Schleife und rückwärts in der Zeit auf der anderen Seite.

Das fatale ist nun: Weil es nun eine unendliche Anzahl von Punkten in Raum und Zeit gibt, sind unendlich viele geschlossene Partikelschleifen möglich. Diese geschlossenen Partikelschleifen würden über unendliche Energie verfügen und Raum und Zeit sich in einem einzigen Punkt zusammenrollen. Nicht einmal die Science-Fiction-Geschichten kommt etwas derart Sonderbares vor.

Der Umgang mit dieser unendlichen Energie benötigt sehr kreative Berechnungen, und ein Großteil der Arbeit in der Theoretischen Physik der vergangenen 20 Jahre bestand darin, nach einer Theorie Ausschau zu halten, in der die unendliche Anzahl geschlossener Schleifen in Raum und Zeit sich vollständig aufhebt. Erst dann werden wir in der Lage sein, die Quantentheorie mit Einsteins Allgemeiner Relativität zu vereinen. Und eine vollständige Theorie der Grundgesetze des Universums zu erstellen.

Wie stehen die Aussichten auf einen Erfolg unserer Suche nach dieser vollständigen Theorie innerhalb des nächsten Jahrtausends? Ich hätte gesagt, dass sie sehr gut waren – allerdings bin ich bekanntlich Optimist. 1980 ging ich davon aus, wir hätten eine 50:50-Chance, eine vollständige einheitliche Theorie in den kommenden 20 Jahren zu entwerfen.

In der Zeit seit damals haben wir einige bemerkenswerte Fortschritte gemacht, doch von der abschließenden Theorie sind wir heute noch genauso weit entfernt wie damals. Wird sich der heilige Gral der Physik immer gerade ein kleines Stück außerhalb unserer Reichweite befinden?

Das denke ich nicht.

Zu Beginn des 20. Jahrhunderts verstanden wir die Wirkweisen der Natur auf dem Raster der klassischen Physik, die bis auf ungefähr das Hundertstel eine Millimeters hinunterreicht. Die Forschungen in der Atomphysik in den ersten 30 Jahren des 20. Jahrhunderts weiteten unser Verständnis bis auf Längen von einem Millionstel eines Millimeters aus. Seit damals haben uns Forschungen in der Nuklear- und der Hochenergiephysik in Größenordnungen gelangen lassen, die noch einmal um den Faktor von einer Milliarde kleiner sind. Es hat ganz den Anschein, als könnten wir so immer weitermachen und Strukturen entdecken, die auf immer kleineren Längenskalen liegen. Allerdings gibt es eine Grenze für diese Serie – so wie es bei der russischen Puppe eine Grenze gibt. Irgendwann kommt man bei der kleinsten Puppe an, und die kann dann nicht mehr auseinander genommen werden. In der Physik bezeichnet man diese kleinste Puppe als Planck-Länge, das ist ein Millimeter geteilt durch 100 000 Milliarden, Milliarden, Milliarden. Es ist uns nicht möglich,

Teilchenbeschleuniger zu bauen, die Untersuchungen an so winzigen Abständen anstellen können. Diese Apparaturen müssten größer sein als das Sonnensystem, und im gegenwärtigen Finanzklima macht dafür keiner Geld locker. Die Folgen unserer Theorien können allerdings auch mit bescheideneren Apparaturen getestet werden.
Bei unseren Laborexperimenten ist es also unmöglich, die Planck-Länge zu erforschen, den Big Bang hingegen können wir untersuchen, um Beobachtungsnachweise bei höheren Energien und kürzeren Längenskalen zu erhalten als auf der Erde. Wir werden uns jedoch zum Großteil auf mathematische Schönheit und Schlüssigkeit stützen müssen, um die ultimative Weltformel – die Theorie von Allem – zu finden.
Die Star-Trek-Vision der Zukunft, wonach ein zwar fortgeschrittenes, im Wesentlichen aber statisches Level erreichen, könnte möglicherweise im Hinblick auf unsere Kenntnis der Grundgesetze Realität werden, die das Universum regieren. Allerdings glaube ich nicht, dass wir im Gebrauch, den wir von diesen Gesetzen machen, jemals einen stabilen Zustand erreichen werden.
Die ultimative Theorie von Allem wird der Komplexität der Systeme, die wir produzieren können, keine Grenzen setzen, und ich bin überzeugt, dass sich die wichtigsten Entwicklungen unseres Jahrtausends innerhalb dieser Komplexität abspielen werden.

Die komplexesten Systeme, über die wir verfügen, sind unsere Körper. Das Leben entstand allem Anschein nach in den ersten Ozeanen, die die Erde vor vier Millionen Jahren bedeckt haben. Wie das geschah, wissen wir nicht. Vielleicht bauten sich aus zufälligen Atomkollisionen Makromoleküle auf, die sich selbst reproduzieren und zu komplizierteren Strukturen zusammen- schließen konnten. Vor etwa dreieinhalb Milliarden Jahren hat sich, wie wir wissen, das hochkomplexe DNA gebildet.

Die DNA ist die Grundlage für alles Leben auf der Erde. Sie hat die Struktur einer Doppelhelix, wie eine Wendeltreppe, und wurde im Jahr 1953 von Francis Crick und James Watson im Cavendish-Laboratorium in Cambridge entdeckt. Die beiden Stränge der Doppelhelix sind durch Basenpaare wie durch die Stufen einer Wendeltreppe miteinander verbunden. Es gibt vier Arten Basen: Cytosin, Guanin, Adenin und Thymin.
Die Anordnung der unterschiedlichen Basen entlang der Wendeltreppe trägt die genetischen Informationen, die es dem DNA-Molekül erlauben, einen Organismus um sich herum zusammenzusetzen und sich selbst zu reproduzieren. Wenn die DNA Kopien von sich selbst herstellt, dürfte es bei der Abfolge der Basenpaare entlang der Spirale zu Irrtümern gekommen sein.
Meistens hat das zur Folge, dass die DNA sich nicht mehr vervielfältigen konnte. Diese genetischen Irrtümer – Mutationen – sterben dann aus.
Doch in einigen wenigen Fällen erhöhte die Mutation die Chancen der DNA auf Überleben und Reproduktion. So entwickelte sich der Informationsinhalt der Sequenz aus Basenpaaren allmählich und nahm immer größere Komplexität an. Diese natürliche Auswahl von Mutationen schlug erstmals ein anderer Mann aus Cambridge, Charles Darwin, vor, obgleich er den dafür zugrunde liegenden Mechanismus dafür nicht kannte.
Weil die biologische Evolution letztlich eine Zufallsbewegung im Raum sämtlicher genetischer Möglichkeiten ist, vollzog sie sich äußerst langsam. Die Komplexität oder die Zahl der Informationsbits, die in der DNA codiert sind, entspricht ungefähr der Anzahl an Basenpaaren im Molekül. Man kann sich jedes Informationsbit als die Antwort auf eine Ja-nein-Frage vorstellen. In den ersten zwei Milliarden Jahren dürfte die Komplexität ungefähr in einer Größenordnung von einem Informationsbit alle 100 Jahre zugenommen haben.

Die Zuwachsrate an DNA-Komplexität stieg dann in den zurückliegenden paar Millionen Jahren auf ein Bit pro Jahr an.
Heute dagegen stehen wir an der Schwelle eines ganz neuen Zeitalters. Wir werden fähig sein, die Komplexität unserer DNA zu erhöhen, ohne den langsamen biologischen Prozess biologischer Evolution abwarten zu müssen.
In der menschlichen DNA gab es in den vergangenen 10 000 Jahren keine nennenswerten Veränderungen. Sehr wahrscheinlich können wir uns aber in den vor uns liegenden 1000 Jahren komplett neu gestalten. Natürlich werden viele Menschen einwenden, Genmanipulation am Menschen müsse verboten werden. Ich bezweifle allerdings, dass sie sich damit durchsetzen werden.
Genmanipulation an Pflanzen und Tieren wird allein schon aus ökonomischen Gründen zugelassen werden, und irgendjemand wird es zwangsläufig auch an Menschen ausprobieren. Wenn wir keine totalitäre Weltordnung bekommen, dann wird irgendjemand irgendwo verbesserte oder veredelte Menschen designen.
Natürlich wird die Entwicklung von verbesserten Menschen gewaltige soziale und politische Probleme im Hinblick auf nicht verbesserte Menschen mit sich bringen. Ich sage nicht Genmanipulation an Menschen sei eine gute Sache, ich sage lediglich, es wird wahrscheinlich im nächsten Jahrtausend dazu kommen, ob wir es wollen oder nicht. Deshalb glaube ich auch nicht an Science-Fiction-Filme wie Star-Trek, in denen Menschen über 350 Jahre in die Zukunft sich gleich geblieben sind. Ich nehme an, die Gattung Mensch und ihre DNA wird sich in puncto Komplexität ziemlich rapide steigern.
In gewisser Weise ist es für die menschliche Gattung unumgänglich, ihre geistigen und körperlichen Qualitäten zu verbessern, wenn sie es mit der zunehmend komplexen Welt, in der sie lebt, und mit neuen Herausforderungen wie Weltraumreisen aufnehmen will. Biologische Systeme müssen komplexer werden, wenn sie mit elektronischen

Systemen mithalten wollen. Computer sind momentan hinsichtlich der Geschwindigkeit unschlagbar, Anzeichen von Intelligenz sind bei ihnen allerdings nicht auszumachen. Sonderlich überraschend ist das nicht, denn die heutigen Computer sind weniger komplex als das Gehirn eines Regenwurms – einer Spezies, die nicht gerade für ihre überragenden intellektuelle Fähigkeiten bekannt ist.
Computer gehorchen annähernd dem Mooreschen Gesetz, das Gordon Moore von der Firma Intel formulierte. Die Geschwindigkeit und die Komplexität von Computern verdoppeln sich alle 18 Monate. Auch hier hat man es mit einer dieser exponentiellen Wachstumsraten zu tun, die selbstverständlich nicht unendlich fortsetzbar sind und tatsächlich bereits begonnen haben sich zu verlangsamen. Allerdings wird sich wohl die rasante Verbesserung noch so lange fortsetzen, bis Computer eine ähnliche Komplexität erreicht haben wie das menschliche Gehirn. Computer, behaupten einige Leute, werden nie über eine echte Intelligenz verfügen – was auch immer sein mag. Wenn jedoch sehr komplizierte chemische Moleküle beim Menschen zusammenwirken und ihn intelligent werden ließen, könnten vergleichbare komplizierte elektronische Schaltkreise bei Computern dazu führen, dass sie intelligent agieren. Und wenn sie dann intelligent sind, dann sind sie wahrscheinlich dazu fähig, selbst Computer zu entwickeln, die noch komplexer und intelligenter sind als sie selbst.
Das ist ein weiterer Grund, warum ich nicht an das Science-Fiktion-Bild von einer fortgeschrittenen, dabei aber konstanten Zukunft glaube. Stattdessen rechne ich damit, dass Komplexität rasant schnell zunehmen wird, im biologischen wie im elektronischen Bereich. Das wird sich nur zu einem kleinen Teil in den kommenden 100 Jahren abspielen – und mehr ist nicht vorhersagbar. Doch bis zum Ende des Jahrtausends – wenn wir denn überhaupt so weit kommen – werden die Veränderungen gewaltig sein.

Der Journalist Lincoln Steffens sagte einmal: “Ich habe die Zukunft gesehen, und sie funktioniert“. Er sprach von der Sowjetunion – von der wir heute wissen, dass sie nicht gerade ausnehmend gut funktioniert hat. Die gegenwärtige Weltordnung wird, das glaube ich trotz allem, eine Zukunft haben, aber sie wird ganz anders aussehen.

Wie sieht die schlimmste Bedrohung für die Zukunft dieses Planeten aus?

Das wäre der Zusammenstoß mit einem Asteroiden, dagegen können wir uns nicht verteidigen. Die letzte Kollision fand vor 66 Millionen Jahren statt und löschte die Dinosaurier aus.
Eine akutere Gefahr ist der Klimawandel, der aus dem Ruder läuft. Ein Anstieg der Meerestemperatur wird die Polareiskappen abschmelzen und die Freisetzung großer Mengen von Kohlendioxid verursachen. Beide Prozesse könnten dazu führen, dass wir einem Klima wie auf der Venus mit einer Temperatur von weit über 250 Grad, also sehr menschenfeindlich, ausgesetzt wären.
Meinung anderer Wissenschaftler und des Autors:
Stephen Hawking fragt, ob die Menschheit dabei ist, sich selbst zu zerstören. Er eröffnete im Jahr 2006 mit einer Frage ein Internet-Forum von Yahoo.
Wie kann die Menschheit in den nächsten hundert Jahren überleben?
Es antworteten 25395 Menschen, bis sich Stephen Hawking wieder meldete. Er sagte, er habe die Frage gestellt, weil er selbst die Antwort darauf nicht wisse. Jedoch: Langfristig wird das Überleben der Menschheit nur sicher sein, wenn wir in das Weltall ausschwärmen und dann zu anderen Sternen. Außerdem hoffe er darauf, dass die Menschen durch einen Eingriff in ihr genetisches Material weiser werden und weniger aggressiv.
Der Klimaforscher Hans Joachim Schellnhuber hat dazu folgende

Antwort gegeben: „Ich glaube, dass die Menschheit mit 90-prozentiger Wahrscheinlichkeit die nächsten hundert Jahre überleben wird. Aber selbstverursacht und natürliche Ereignisse könnten uns vernichten. Ein Asteroid könnte auf uns stürzen, eine Supernova unseren Planeten verbrennen beides sehr, sehr unwahrscheinliche Ereignisse außerhalb unserer Kontrolle.
Schon wahrscheinlicher ist es, dass wir uns selbst auslöschen. Zu der Möglichkeit eines vernichtenden Atomkrieges ist meiner Auffassung nach durch den Krieg gegen den Terrorismus eine weitere hinzugekommen: Ich könnte mir vorstellen, dass ein Supervirus, ein biologischer Kampfstoff, aus irgendeinem Labor dieser Welt entweicht und die Menschheit dahinrafft. Deshalb sollten wir unbedingt jede Form dieser Forschung unterlassen und natürlich auch alle vorhandenen Atomwaffen endlich beseitigen.

Die realistischste Gefahr für die Menschheit geht jedoch von der globalen Erderwärmung aus. Ich glaube zwar nicht, dass sie unsere Spezies vernichten wird, auch nicht in tausend Jahren, denn an den Polkappen würden immer noch Menschen überleben. Aber der anthropogene Klimawandel kann die Qualität unseres Lebens erheblich vermindern. Im schlimmsten Fall verursachen und erleben wir einen sogenannten galoppierenden Treibhauseffekt, bei dem sich die Folgen des Klimawandels gegenseitig aufschaukeln.
Beispielsweise könnte das Grönlandeis schmelzen und dadurch Meeresströmungen zum Erliegen bringen – die Ozeane würden daraufhin weniger Kohlendioxid aufnehmen, und der Treibhauseffekt würde sich weiter verstärken. Bei diesem Öko-Gau könnte sich die Temperatur der Erde in 100 Jahren um 10 oder sogar um 12 Grad Celsius erhöhen. Dann wäre unsere Welt eine völlig andere: Europa würde zur Sahara, Wirtschaftssysteme brächen zusammen, es gäbe Kriege um bewohnbaren Boden.
Ich halte diesen schlimmsten Fall zwar für nicht wahrscheinlich,

aber für grundsätzlich möglich. Wir brauchten dringend eine Art Manhatten-Projekt, bei dem die 100 bis 200 weltbesten Wissenschaftler einige Jahre in einem virtuellen Kolleg zusammenarbeiten, um zu erforschen, ob dieser Worst-Case tatsächlich eintreten kann. Und wenn die Antwort ja lautet, müssten wir schnellstmöglich eine neue Weltgesellschaft erfinden, klimafreundliche Städte bauen, die Landwirtschaft auf Energie-Produktion umstellen, riesige Solarfelder und CO2-Speicher errichten. Wir haben die Potentiale, die globale Erwärmung zu bremsen da bin ich optimistisch. Nur was unsere Fähigkeit anbelangt, diese Potenziale zu nutzen, bin ich schon skeptischer. Wenn wir hier versagen, dann könnte der Klimawandel indirekt doch noch zur Auslöschung der Menschheit führen: Ein Gemisch aus Kernwaffengebrauch, Terrorismus und Umweltkonflikten um Boden, Energie und Wasser könnte uns am Ende ausradieren“.

Die Voraussetzungen für das Überleben, haben sich in den letzten Jahren für die Menschheit erheblich verschlechtert. Leider ist dies nicht zu leugnen. Es ist fünf vor zwölf.

Kapitel 8

SOLLTEN WIR DEN WELTRAUM BESIEDELN?

Stephen Hawking:
Warum sollten wir das All erkunden? Wie lässt sich der ganze Aufwand an Energie und Geld rechtfertigen, nur um ein paar Brocken Mondgestein zu ergattern? Gibt es hier auf Erden keine drängendere Probleme? Die Antwort liegt auf der Hand: weil der Weltraum da ist, überall um uns herum. Wenn wir den Planeten Erde nicht verlassen, dann sind wir Schiffbrüchigen auf einer einsamen Insel vergleichbar, die nicht versuchen, von dort wegzukommen.
Wir müssen das Sonnensystem erforschen, um herauszufinden, wo Menschen leben könnten.
In gewisser Weise ähnelt die Situation derjenigen in Europa vor dem Jahr 1492. Sicher haben die Leute damals argumentiert, es sei Geldverschwendung, Kolumbus auf diese hirnrissige Fahrt zu schicken. Doch die Entdeckung der Neuen Welt bedeutete eine riesige Veränderung für die Alte Welt.
Stellen Sie sich bloß einmal vor, wir hätten keinen Big Mac. Wenn wir uns in den Weltraum ausbreiten, wird das sogar noch gravierende Folgen haben. Es wird die Zukunft der Gattung Mensch vollkommen verändern – und möglicherweise darüber entscheiden, ob wir überhaupt eine Zukunft haben. Die auf unserem Planeten unmittelbar anstehenden Probleme sind so nicht zu lösen. Wir werden aber einen Blick auf die Erde bekommen und dazu motiviert sein, nach draußen statt nach innen zu schauen. Und es wird uns Menschen hoffentlich – angesichts der allen gemeinsamen Herausforderung – zusammenschweißen.
Natürlich würde es sich dabei um eine langfristige Strategie handeln, und mit langfristig, meine ich Hunderte, womöglich Tausende von

Jahren. Wir könnten innerhalb von 30 Jahren auf dem Mond einen Stützpunkt haben, den Mars in 50 Jahren erreichen und die Monde der äußeren Planeten in 200 Jahren erkunden. Mit den Mars erreichen, meine ich, dass wir dort mit einem bemannten Raumschiff landen. Mit Rover waren wir auf dem Mars schon unterwegs und wir haben auf dem Titan, einem Mond des Saturns, eine Sonde gelandet; wenn wir allerdings über die Zukunft der Gattung Mensch nachdenken, müssen wir uns persönlich dort hinbegeben.
In den Weltraum vorzudringen, wird sicher nicht billig sein, aber es würde nur einen Teil der weltweiten Ressourcen beanspruchen. Das Budget der NASA ist effektiv seit der Zeit der Apollo-Landungen konstant geblieben, allerdings ist es von 0,3 des US-amerikanischen Bruttoinlandprodukts im Jahr 1970 auf heute 0,1 Prozent zurückgegangen. Selbst wenn wir das internationale Budget um das 20-Fache erhöhen würden, um ernsthaft mit einem Ausgriff ins All beginnen zu können, wäre es immer noch nur ein winziger Bruchteil des globalen BIP.
Manche sind der Meinung, es wäre besser, unser Geld in die Lösung der Probleme hier auf der Erde zu stecken – Klimawandel, Luftverschmutzung und so weiter-, statt es mit einer womöglich ergebnislosen Suche nach einem neuen Planeten zu verschwenden. Natürlich erkenne ich die Bedeutung des Kampfes gegen den Klimawandel und die globale Erwärmung an. Aber wir können den Kampf aufnehmen und trotzdem noch ein Viertel von ein Prozent des globalen BIP für den Weltraum erübrigen. Oder ist uns unsere Zukunft nicht ein viertel Prozent wert?
In den 1960er Jahren dachten wir, der Weltraum sei es wert, dass eine gewaltige Anstrengung zu seiner Erkundung unternommen wird. Im Jahr 1962 versprach Präsident Kennedy, dass die USA bis zum Ende des Jahrzehnts einen Mann auf den Mond bringen werde. Am 20. Juli 1969 landeten Buzz Aldrin und Neil Armstrong auf der

Oberfläche des Mondes. Das veränderte die Zukunft der Menschheit. Ich war damals 27 Jahre alt, ein junger Forscher in Cambridge, und habe das Ereignis verpasst. Zu dem Zeitpunkt, als die Landung stattfand, war ich bei einer Konferenz über Singularitäten in Liverpool und lauschte einem Vortrag von Rene´ Thom über Katastrophentheorie. Eine TV-Mediathek gab es damals noch nicht, wir hatten kein Fernsehgerät, aber mein zweijähriger Sohn Robert beschrieb mir das Ereignis.

Der Wettlauf ins All trug dazu bei, eine Faszination für Naturwissenschaften entstehen zu lassen, und beschleunigte unseren technischen Fortschritt. Für viele der heutigen Naturwissenschaftler war es letztlich die Mondlandung, die sie dazu inspirierten, sich für diesen Bereich zu entscheiden: Sie wollten mehr über unseren Ort im Universum wissen. Die Landungen schenkten uns neue Perspektiven auf unsere Welt und motivierten uns dazu, unseren Planeten als Ganzheit zu sehen. Allerdings flaute das öffentliche Interesse am Weltraum nach der letzten Mondlandung im Jahr 1972 wieder ab, als keine weiteren bemannten Raumflüge mehr geplant wurden. Im Westen ging damit eine allgemeine Entzauberung der Naturwissenschaften einher, weil sie zwar große Leistungen erbracht, aber die gesellschaftlichen Probleme nicht gelöst hatten, welche zunehmend ins Zentrum der öffentlichen Aufmerksamkeit rückten. Ein neues Programm bemannter Raumflüge könnte dabei Wunder wirken, die öffentliche Begeisterung für den Weltraum und für Naturwissenschaft allgemein wiederzuerwecken. Missionen mit Robotern sind viel billiger und erbringen möglicherweise mehr wissenschaftliche Information, doch fesseln sie nicht auf dieselbe Weise die Vorstellungskraft der Öffentlichkeit. Und sie tragen nicht dazu bei, die Spezies Mensch in den Weltraum hinein zu verbreiten, was meiner Meinung nach das Ziel unserer langfristigen Strategie sein sollte. Eine Mondbasis im Jahr 2050 und die Landung mit einem Raumschiff auf dem

Mars im Jahr 2070 würde das Weltraumprogramm wiederbeleben und ihm ein Ziel geben – so wie damals in den 1960er Jahren die Vorgabe von Präsident Kennedy. Ende 2017 kündigte Elon Musk SpaceX-Pläne für eine Mondbasis und eine Marsmission bis 2022 an, und Präsident Trump unterzeichnete einen Beschluss, der die NASA auf die Erforschung und die Entdeckung des Weltraums ausrichtete, sodass wir möglicherweise früher dorthin kommen.
Ein neu gewecktes Interesse am Weltraum würde auch zu einem größeren öffentlichen Ansehen der Naturwissenschaften ganz allgemein führen. Dass Wissenschaft und Wissenschaftler so wenig wertgeschätzt werden, hat schwerwiegende Folgen. Wir leben in Gesellschaften, die zunehmend von Wissenschaft und Technik geprägt sind, aber mittlerweile wollen immer weniger junge Menschen Wissenschaftler werden. Ein neues, ehrgeiziges Weltraumprogramm wäre für junge Menschen spannend und würde sie dazu motivieren, sich auf das weite Feld der Naturwissenschaften einzulassen – es müssen ja nicht nur Astrophysik oder Weltraumforschung sein.
Das war und ist bei mir genauso. Ich habe immer von Raumflügen geträumt.
Und viele Jahre dachte ich, dabei würde es bleiben – beim Träumen. Ich war an die Erde und an einen Rollstuhl gefesselt, wie sollte es mir je außerhalb meiner Phantasie und meiner Arbeit auf dem Feld der Theoretischen Physik möglich sein, die Majestät des Weltraums zu erfahren? Ich hätte nie gedacht, dass ich die Möglichkeit haben würde, unseren herrlichen Planeten aus dem Weltraum zu sehen oder die ihn umgebende Unendlichkeit zu bestaunen. Das war den Astronauten vorbehalten, den wenigen Glücklichen, die das Wunder und den Kick eines Weltraumfluges erleben dürfen. Doch im Jahr 2007 hatte ich das Glück, auf einen Schwerelosigkeits- oder Parabelflug mitgenommen zu werden und zum ersten Mal zu erfahren, wie sie sich anfühlt, diese Schwerelosigkeit: Es war phantastisch, ich wollte

gar nicht mehr zurück in die Schwerkraft, auf die Erde. Können Menschen denn überhaupt lange Zeit außerhalb der Erde existieren? Unsere Erfahrung mit der ISS, der intenational Space Station, zeigt, dass es für Menschen möglich ist, viele Monate in großer Entfernung vom Planeten Erde zu leben. Die Schwerelosigkeit verursacht allerdings mehrere unerwünschte physiologische Veränderungen sowie eine Schwächung der Knochen, außerdem praktische Probleme mit Flüssigkeiten und so weiter. Auf einem Planeten oder einem Mond sollten daher auf Dauer angelegte Stützpunkte für Menschen errichtet werden. Wenn man sich in die Oberfläche eingräbt, würde man eine Wärmedämmung erzielen, sich außerdem vor Meteoren und kosmischer Strahlung schützen. Der Planet oder Mond könnte auch als Rohstoffquelle dienen, die nötig wäre, wenn die außerirdische Gemeinschaft autark, unabhängig von der Erde sein müsste.

Welches wären mögliche Orte einer menschlichen Siedlung im Sonnensystem?

Am offensichtlichsten wäre der Mond. Er liegt in der Nähe und ist relativ einfach zu erreichen. Wir sind dort bereits gelandet und haben ihn mit einem Buggy befahren. Der Mond ist jedoch klein, besitzt kein Magnetfeld und keine Atmosphäre, die – wie auf der Erde – die Partikel der Sonnenstrahlung ablenkt. Flüssiges Wasser gibt es auch nicht, wobei sich möglicherweise in den Kratern am Nord- und Südpol des Mondes Eis finden ließe. Eine Kolonie auf dem Mond könnte es als Sauerstoffquelle nutzen, Energie könnte aus Kernenergie oder von Sonnensegeln gewonnen werden. Der Mond könnte als Stützpunkt dienen, von dem aus das übrige Sonnensystem bereist würde.

Der Mars wäre offensichtlich das nächstmögliche Ziel. Seine Entfernung von der Sonne ist noch einmal um die Hälfte größer als die der Erde, er empfängt also die Hälfte der Wärme. Früher einmal hatte der Mars ein Magnetfeld, das jedoch vor viereinhalb

Milliarden Jahren zerfiel. Auch dort gibt es also keinen Schutz vor der Sonneneinstrahlung. Dadurch verlor der Planet den größten Teil seiner Atmosphäre, übrig ist lediglich ein Prozent des Drucks der Erdatmosphäre. Allerdings muss der Druck früher größer gewesen sein, denn wir können Formationen ausmachen, bei denen es sich um trockene Kanäle oder Seen handeln könnte. Heute kann es auf der Oberfläche des Mars kein flüssiges Wasser mehr geben. Es würde im fast vollständigen Vakuum verdunsten. Der Mars hatte – dies kann man daher annehmen – eine warme Feuchtperiode, in der möglicherweise Leben aufkeimte, entweder spontan oder durch Panspermie (das heißt, von einem anderen Ort im Universum hierher gebracht). Gegenwärtig gibt es keine Anzeichen für Leben auf dem Mars, doch wenn wir auf Hinweise stießen, dass es dort einmal Leben gegeben hätte, dann ließe das auf eine recht hohe Wahrscheinlichket schließen, dass Leben sich auf einem passenden Planeten entwickeln kann. Wir müssen uns freilich davor hüten, das ganze nicht dadurch zu vermasseln, dass wir den Planeten mit Leben von der Erde kontaminieren. Und ebenso müssen wir sorgfältig vermeiden, irgendwelche Formen von Leben auf die Erde zu bringen. Wir würden keine Widerstandskräfte dagegen aufbringen, sodass alles Leben auf der Erde ausgelöscht werden könnte.

Die NASA hat eine große Anzahl an Raumfahrzeugen auf den Mars geschickt, angefangen mit Mariner 4 im Jahr 1964. Der Planet wurde mit mehreren Raumsonden erforscht, zuletzt mit dem MARS Reconnaissance Orbiter. Diese Orbiter haben tiefe Rinnen entdeckt und die höchsten Berge im Sonnensystem.

Die NASA hat außerdem mehrere Mars-Mobile auf der Oberfläche des Mars ausgesetzt, zuletzt die beiden Mars-Rover. Von ihnen kamen die Bilder einer trockenen Wüstenlandschaft. Wie auf dem Mond könnte man auch auf dem Mars Wasser und Sauerstoff aus dem Polareis gewinnen. Außerdem herrscht auf dem Mars

Vulkanaktivität. Mineralien und Metalle könnten dadurch an die Oberfläche gelangt sein und einer Mars-Siedlung nützlich sein.
Mond und Mars sind die passensten Orte für Weltraumkolonien in unserem Sonnensystem. Merkur und Venus sind zu heiß; Jupiter und Saturn sind Gasriesen ohne feste Oberfläche. Die Monde des Mars sind sehr klein und bieten im Vergleich zum Mars keine Vorteile. Der eine oder andere Mond von Jupiter und Saturn könnte in Frage kommen. Die Oberfläche von Europa, einem Jupiter-Mond, besteht aus Eis. Unter der Eisdecke könnte sich flüssiges Wasser befinden, in dem sich Leben hätte entwickeln können. Wie können wir das herausfinden? Müssen wir dazu auf Europa landen und ein Loch ins Eis bohren?
Titan, ein Eismond des Saturn, ist größer und massiver als unser Mond und verfügt über eine dichte Atmosphäre. Die Cassini-Huygens-Mission von NASA und ESA hat eine Sonde auf Titan gelandet, die Bilder von der Oberfläche zu Erde geschickt hat. Allerdings ist es dort, in so großer Entfernung von der Sonne, unsäglich kalt, und den Gedanken, bei Temperaturen von etwa 179 Grad C in der Nähe eines Sees aus flüssigem Methan zu wohnen, finde ich nicht gerade anheimelnd.
Aber wie wäre es, wenn wir kühn die Grenzen des Sonnensystems überschritten? Unsere Beobachtungen lassen darauf schließen, dass mehrere Sterne von Planeten umkreist werden. Bislang können wir nur Planeten von der Größe von Jupiter und Saturn entdecken, aber man kann vernünftigerweise annehmen, dass sich in deren Nähe kleinere, mit der Erde vergleichbare Planeten befinden. Einige Planeten dürften in der Goldilocks- oder auch Lebenszone liegen, wo der Abstand vom Stern in einem Bereich liegt, dass es auf der Oberfläche flüssiges Wasser geben könnte. Rund 100 Sterne umgeben die Erde innerhalb einer Zone von 30 Lichtjahren. Wenn ein Prozent dieser Sterne in der Goldilocks-Zone Planeten von der Größe der Erde hat, haben wir zehn Kandidaten für neue Welten.

Nehmen wir zum Beispiel Proxima b. Dieser Exoplanet, der der Erde am nächsten, aber immer noch viereinhalb Lichtjahre entfernt liegt, umkreist den Stern Proxima Centauri, und neuere Untersuchungen haben gewisse Ähnlichkeiten mit der Erde ergeben.
Mit der heutigen Technik mag es als unmöglich erscheinen, zu diesen „Kandidaten" zu reisen, aber wenn wir unsere Phantasie aktivieren, können interstellare Reisen zu einem langfristig erreichbaren Ziel, sagen wir in den nächsten 200 bis 500 Jahren, möglich sein.
Die Geschwindigkeit, mit der wir eine Rakete losschicken können, hängt von zwei Faktoren ab: Der Ausstoßgeschwindigkeit und dem Anteil der Masse, den die Rakete bei der Beschleunigung verliert. Die Ausstoßgeschwindigkeit chemischer Raketen der Art, wie wir sie bisher im Einsatz hatten, beträgt ungefähr drei Kilometer pro Sekunde. Indem sie 30 Prozent ihrer Masse abstoßen, können sie ungefähr 500 Metern pro Sekunde erreichen, danach werden sie wieder langsamer. Nach Berechnungen der NASA könnte der Mars in lediglich 260 Tagen erreicht werden – zehn Tage hin oder her; einige Wissenschaftler der NASA sagen sogar einen Zeitraum von 130 Tagen voraus. Dennoch würde es dann drei Milionen Jahre dauern, das nächstgelegene Sternsystem zu erreichen. Will man schneller unterwegs sein, dann braucht man eine sehr viel höhere Ausstoßgeschwindigkeit, als chemische Raketen sie liefern können – nämlich die von Licht. Ein mächtiger Lichtstrahl könnte das Raumschiff von hinten vorwärts treiben. Kernfusion könnte ein Prozent der Massenenergie des Raumschiffs liefern, das auf ein Zehntel der Lichtgeschwindigkeit beschleunigen würde.
Darüber hinaus würden wir entweder eine Materie-Antimaterie-Annihilation oder irgendeine komplett neue Form von Energie nutzen. Der Abstand zu Alpha Centauri ist faktisch so groß, dass ein solches Raumschiff, um im Zeitraum eines menschlichen Lebens dorthin zu gelangen, Treibstoff im Umfang der Masse ungefähr sämtlicher

Sterne in der Galaxie mit sich führen müsste. Kurz: Beim gegenwärtigen Stand der Technik sind interstellare Reisen absolut undurchführbar. Alpha Centauri wird nie zu einem Urlaubsziel werden.

Wir haben die Möglichkeit, das zu ändern – mit Phantasie und Erfindergeist.

Ich habe mich mit Juri B. Milner zusammengetan, um Breakthrough Starshot zu gründen, ein langfristiges Erforschuns- und Entwicklungsprogramm, das dazu beitragen soll, dass interstellare Reisen Realität werden. Wenn wir Erfolg haben, werden wir eine Sonde nach Alpha Centauri schicken, und zwar noch zu Lebzeiten der jetzigen Generation. Darauf komme ich gleich zurück.

Wie sieht der Anfang dieser Reise aus? Bis jetzt waren unsere Erkundungen auf unsere lokale kosmische Nachbarschaft beschränkt. Gerade hat Voyager, unser kühnster Entdecker seit 40 Jahren, es in den interstellaren Raum geschafft. Mit ihrer Geschwindigkeit – elf Meilen pro Sekunde – würde die Raumsonde ungefähr 70 000 Jahre brauchen, um in Alpha Centauri anzukommen. Die Konstellation ist 4,37 Lichtjahre entfernt: etwa 25 Billionen Meilen und weit mehr als 41 Billionen Kilometer. Sollte es heute Lebewesen auf Alpha Centauri geben, bleibt diesen Glücklichen das Wissen um den Aufstieg des Donald Trump erspart.

Offensichtlich treten wir in ein neues Weltraumzeitalter ein. Die ersten privaten Astronauten werden Pioniere sein und die ersten Flüge immens teuer, doch ich hoffe, dass im Laufe der Zeit Weltraumflüge für sehr viel größere Teile der Erdbevölkerung erschwinglich sein werden. Wenn immer mehr Passagiere in den Weltraum reisen, dann wird das unsere Stellung auf der Erde wie auch unsere Verantwortung als Hüter der Erde in neuem Licht erscheinen lassen, und wir können dann auch besser unseren Ort und unsere Zukunft im Kosmos sehen – den Ort und den Planeten,der,so glaube ich, letztlich unser Schicksal ist.

Wie erwähnt, bietet Breakthrough Starshot dem Menschen eine realistische Möglichkeit, baldige Abstecher in den äußeren Weltraum zu machen, wobei es das Ziel ist, die Möglichkeiten der Besiedlung zu sondieren und zu bewerten.

Die Mission soll die Machbarkeit dreier Projekte überprüfen: miniaturisierte Raumsonden, Lichtantrieb und phasengekoppelte Laser. Der Star Chip, eine voll funktionsfähige Raumsonde, deren Größe auf wenige Zentimeter reduziert ist, wird mit einem Lichtsegel verbunden. Das aus Metamateralien hergestellte Lichtsegel wiegt nur wenige Gramm. Wir planen, 1000 Star Chips und Lichtkegel – das Nanokraft – in den Orbit zu schicken. Am Boden wird ein Laserarray, der mehrere Kilometer umfasst, sein Licht zu einem einzigen sehr energiereichen Strahl bündeln. Der Strahl wir durch die Atmosphäre geschossen und trifft die Segel im All mit einer Energie von mehreren Gigawatt.

Diesem innovativen Projekt liegt die Überlegung zu zugrunde, das Nanokraft gleichsam auf einem Lichtsegel, zu beschleunigen – wie einst Einstein mit 16 Jahren davon träumte, auf einem Lichtstrahl zu reiten. Nicht ganz mit der Lichtgeschwindigkeit, aber doch mit einem Fünftel von ihr, das heißt mit gut 150 Millionen Kilometer pro Stunde. Ein solches System könnte den Mars in weniger als einer Stunde erreichen, zu Pluto in Tagen gelangen, Voyager nach einer knappen Woche passieren und bei Alpha Centauri in etwas mehr als 20 Jahren eintreffen. Dort angelangt, könnte Nanokraft Bilder von jedem in dem System entdeckten Planeten machen, prüfen, ob es Magnetfelder und organische Moleküle gibt, und die Daten mit einem anderen Laserstrahl zurück zur Erde zu senden. Dieses extrem schwache Signal würde von derselben Anordnung von Parabolantennen empfangen, die zur Bündelung des Startstahls verwendet wurde.

Die Rückkehr wird, so schätzt man, ungefähr vier Lichtjahre dauern. Ein wichtiger Aspekt ist, dass die Wege der Star Cips möglicherweise einen Vorbeiflug an Proxima b einschließen, dem erdgroßen Planeten, der in der bewohnbaren Zone seines Wirtssterns Alpha Centauri liegt. Breakthrough und die europäische Südsternwarte haben im Jahr 2017 beschlossen, bei der Suche nach bewohnbaren Planeten im System von Alpha Centauri zusammenzuarbeiten.

Es gibt noch nachgeordnete Ziele für Breakthrough Starshot. So sollen das Sonnensystem erkundet und erdkreuzende Asteroiden entdeckt werden.

Außerdem hat der deutsche Physiker Claudius Gros die Ansicht vertreten, mit dieser Technologie könnte man auch eine Biosphäre von einzelligen Mikroben auf sonst nur vorübergehend bewohnbare Planeten schaffen.

So weit, so machbar. Es gibt jedoch erhebliche Schwierigkeiten. Ein Laser mit einer Leistung von einem Gigawatt würde nur eine Schubkraft von einigen Newton liefern. Allerdings gleicht das Nanocraft dieses Manko durch seine sehr niedrige Masse von nur wenigen Gramm aus. Die technischen Herausforderungen sind immens. Das Nanocraft muss widrigste Verhältnisse überleben: extreme Beschleunigung, Kälte, Vakuum und Protonen sowie Kollissionen mit Weltraummüll und –Staub. Außerdem wird es angesichts atmosphärischer Turbulenzen schwierig sein, eine Anordnung von Lasern, die es insgesamt auf 100 Gigawatt bringen, auf die Sonnensegel zu fokussieren.

Wie kombinieren wir Hunderte von Lasern ungeachtet der Bewegung in der Atmosphäre? Wie treiben wir das Nanocraft an, ohne es einzuäschern? Wie lenken wir es in die vorgesehene Richtung? 20 Jahre lang müssen wir die Funktionen des Nanocraft erhalten, damit es Signale über eine Entfernung von vier Lichtjahren an uns zurückschicken kann.

Aber das sind technische Probleme, und technische Probleme werden in der Regel irgendwann gelöst. Wenn die Technologie ausgereift ist, lassen sich andere faszinierende Missionen ins Auge fassen. Selbst mit weniger leistungsfähigen Laserarrays könnten sich Reisezeiten zu anderen Planeten, in die Außenbezirke des Sonnensystems oder in den interstellaren Raum erheblich verringern.

Natürlich wären es noch keine interstellaren Reisen für Menschen, selbst wenn sich die Technologie eines Tages auf bemannte Raumfahrzeuge anwenden ließe. Ein solches Raumschiff könnte nicht abgebremst werden, nicht anhalten oder landen. Dennoch wäre es der Moment, in dem die menschliche Kultur interstellar wird, in dem wir unsere Fühler endlich in die Milchstrasse ausstrecken würden. Und wenn Breakthrough Starshot uns Bilder von einem bewohnbaren Planeten sendete, könnte es von ungeheurer Bedeutung für die Zukunft der Menschheit sein.

Lassen Sie mich am Schluss wieder zu Albert Einstein zurückkehren. Wenn wir die Planeten im System Alpha Centauri finden, wird das Bild dieses Planeten, aufgenommen mit einer Kamera, die sich – in einem Raumschiff – mit einem Fünftel der Lichtgeschwindigkeit bewegt, aufgrund der Auswirkungen der Speziellen Relativität leicht verzerrt sein. Es wäre das erste Mal, dass ein Raumschiff schnell genug unterwegs ist, um solche Effekte beobachten zu können. Faktisch ist Einsteins Theorie für die gesamte Mission von zentraler Bedeutung. Ohne sie hätten wir weder Laser noch die Fähigkeit, die Berechnungen anzustellen, die für die Lenkung, Bildgebung und Datenübertragung über 25 Billionen Meilen mit einem Fünftel der Lichtgeschwindigkeit notendig sind.

Wir können einen Weg erkennen: Er beginnt bei einem 16-jährigen Jungen, der davon träumt, auf einem Lichtstrahl zu reiten, und mündet in unseren Traum, den wir verwirklichen wollen – auf unserem eigenen Lichtstrahl zu den Sternen zu reiten. Wir stehen an der Schwelle einer neuen Ära. Die Besiedlung anderer Planeten durch den Menschen ist dann nicht mehr Science-Fiction. Sie kann zum Faktum werden – zu Science-Fakt. Die Gattung Mensch existiert seit rund zwei Millionen Jahren. Die Zivilisation begann vor rund 10 000 Jahren, und das Tempo dieser Entwicklung hat sich ständig beschleunigt. Wenn die Menschheit noch eine Million Jahre weiter existieren soll, dann liegt unsere Zukunft darin, kühn dorthin vorzudringen, wo noch kein Mensch zuvor gewesen ist. Ich hoffe das Beste. Ich muss es. Eine andere Wahl haben wir nicht.

Bald wird das Zeitalter der zivilen Raumfahrt anbrechen. Was bedeutet das für uns?

Ich freue mich auf Weltraumreisen. Ich wäre unter den ersten, die sich ein Ticket kaufen. Ich erwarte, dass wir bis in 100 Jahren fähig sein werden, im Sonnensystem überallhin zu reisen, vielleicht abgesehen von den äußeren Planeten.
Mit Reisen zu den Sternen wird etwas länger dauern. Ich nehme an, dass wir bis in 400 Jahren näher gelegene Sterne besucht haben werden. Es wird nicht wie der Star-Treck sein. Wir werden nicht mit Warpgeschwindigkeit reisen können. Eine derartige Rundreise wird also mindestens zehn Jahre, wahrscheinlich sogar viel länger dauern.

Meinung anderer Wissenschaftler und des Autors:
Nach Meinung von Stephen Hawking sollten wir in spätestens 100 Jahren den Weltraum besiedeln. Denn viele Probleme werden wir auf unserer Erde nicht lösen können:
zum Beispiel den Klimawandel, Überbevölkerung, Infektionskrankheiten oder auch mögliche Asteroideneinschläge.
Doch selbst wenn es uns gelänge, eine außerirdische Heimat zu finden, würde es nicht ausreichen, das Raumschiff zu besteigen und einfach dorthin zu fliegen. Denn Menschen sind perfekt an die Erde angepasst. Der Weltraum oder andere Planeten sind hingegen kein

natürlicher Lebensraum für uns – eher ein sehr lebensfeindlicher. Aber könnten wir uns möglicherweise anpassen an die widrigen Bedingungen im Weltall? Gefahr lauert überall:
Vor allem wären zunächst unsere Sinne gefährdet. Sehr viele Astronauten leiden an Augenproblemen, die von verschwommener Wahrnehmung bis zur Blindheit reichen können. Noch rätseln Forscher woran das liegt. Ist es vielleicht der erhöhte Flüssigkeitsdruck im Kopf, der sich auf den Sehnerv auswirkt? Könnte es also sein, dass wir langfristig im All erblinden?
Welche anderen Sinnesorgane könnten noch gefährdet sein? Was ist mit dem Hören und den Tönen? Auf der Erde entstehen Schallwellen durch Vibration und pflanzen sich auch so fort. Außerhalb eine Raumschiffes herrscht jedoch ein Vakuum. Es gibt nichts woran Schallwellen entlang reisen könnten. Müssen wir in dieser Stille überhaupt noch etwas hören? Und was tritt an die Stelle der vielleicht überflüssigen Sinne?
Die größte Schwierigkeit jedoch ist das Atmen. Die Tatsache, dass es im Weltraum keine Luft gibt, stellt das größte Problem dar. Müssten wir in unserer neuen Heimat ständig im Raumanzug und klobigem Helm herumlaufen? Denn ohne würden wir außerhalb des Raumschiffes oder einer Raumstation sofort ersticken.
Auch Experten wurden gefragt, was sie von der Umsiedlung ins Weltall und den erdachten evolutionären Anpassungen halten. Ralph Thiedemann, der die Abteilung Evolutionsbiologie an der Universität Potsdam leitet, stimmt Hawking im Prinzip zu, dass die Menschheit vor „dringenden Problemen“ steht. „Aber das heiße nicht, dass die Menschheit auszusterben droht, „ angesichts ihrer Intelligenz, Lernfähigkeit und Anpassungsfähigkeit“ schreibt er der Deutschen Welle in einer Email. Jedenfalls sei es viel schwerer, sich ein Leben außerhalb der Erde vorzustellen als ein Leben auf der Erde, selbst nach einer schweren Katastrophe“.

Der Selektionsdruck im Weltraum wäre ganz anders (kein Sauerstoff, Temperaturen, Strahlung, etc.). Menschen würden sofort sterben, meint Axel Mayer, Professor für Evolutionsbiologie an der Universität Konstanz. Es bleibe keine Zeit sich anzupassen.
Meyer hat einen besseren Rat: "Lasst uns versuchen, unseren Planeten nicht zu ruinieren. Wir haben keine Zukunft auf einem anderen Planeten. Dies ist unser Heim und hier gehören wir hin.

Der Kosmologe J. Richard will sich damit nicht abfinden. Er betont in einem Interview mit DW, dass er schon lange vor Stephen Hawking auf die Notwendigkeit hingewiesen habe, andere Bereiche des Universums zu besiedeln. Sein Argument: "Wir leben auf einem winzigen Planeten im Universum. Arten, die auf einer Insel leben, sterben aus."
Hätten wir also mindestens zwei Planeten, würden unsere Überlebenschancen deutlich steigen.

Beginnen könnten wir auf dem Mars, sagt Richard Gott. In der dortigen kohlendioxidhaltigen Atmosphäre sei jedenfalls genug Sauerstoff vorhanden, den man gewinnen könnte. Wasser gebe es auch, und wenn man in den Höhlen siedeln würde, könnte man sich gut vor Strahlung schützen.
„Die Leute sagen – der Mars ist nicht bewohnbar und nicht so gut geeignet wie die Erde, was wollen wir da? Also, wenn die Amphibien auf dieses Argument gehört hätten, wären sie noch immer im Ozean", findet der Visionär.
Eine ganz andere Meinung hat dazu unser Astronaut Alexander Gerst, der nach zwei Missionen 2014 und 2018 der Deutsche mit der längsten Weltraumpraxis ist. Bei einem Empfang in seiner Heimatstadt Künzelsau (Hohenlohekreis) am 18.05.2019 brachte er dies wie folgt zum Ausdruck: „ Es ist uns vielleicht gar nicht ganz klar, was

für ein wertvolles Luxusgut das ist: dass wir im dunklen Kosmos so einen schönen blauen Planeten haben, auf dem wir einfach sein können. Diese Perspektive habe er von der internationalen Raumstation (ISS) mit zurück auf die Erde bringen wollen."

Er schwärmt auch Monate nach seiner Rückkehr aus dem All von der Erde. Gerst betonte,wie wichtig es ihm sei, seine Faszination an die nächste Generation weiterzugeben. Er mahnte, dass es zur Erde keine Alternative gebe. Dessen müsse sich auch jeder bewusst sein, der glaube, eines Tages auf den Mars auswandern zu können: „Letztlich müssenwir da in Blechdosen leben. Hier haben wir einen wunderbaren Planeten auf dem wir frei herumlaufen können."
Er räumt damit mit der Illusion auf, dass es zur Erde eine lebenswerte Alternative gibt.
Wir sind Kinder dieser Erde und teilen deren Schicksal und entsprechend schonend müssen wir unsere Mutter Erde mit all ihren Lebewesen und Pflanzen behandeln. Der Mensch muss für seine Spezies daher auch Grenzen kennen und sich in vielerlei Hinsicht beschränken.
Nur dann haben wir noch für lange Zeit eine Zukunft und müssen nicht in den Weltraum flüchten.
Aber es kann niemand daran gehindert werden, den Traum von einer zweiten Erde weiter zu träumen. Irgendwann holt jeden die Realität ein.

Kapitel 9

WIRD UNS KÜNSTLICHE INTELLIGENZ ÜBERFLÜGELN?

Stephen Hawking:
Intelligenz ist entscheidend für das, was es bedeutet, ein Mensch zu sein. Alles, was die Zivilisation zu bieten hat, ist ein Produkt menschlicher Intelligenz.
Die DNA gibt die Blaupausen des Lebens von einer Generation an die nächste weiter. Immer komplexere Lebensformen erhalten Informationen von Sensoren wie den Augen und den Ohren und verarbeiten Informationen in Gehirnen oder in anderen Systemen, um herauszufinden, was in einer bestimmten Situation zu tun ist, um dann auf die Welt einzuwirken, indem beispielsweise Informationen an die Muskeln weitergegeben werden.
Irgendwann in den 13,8 Milliarden Jahren kosmischer Geschichte geschah dann etwas Wunderbares. Die Informationsverarbeitung wurde so intelligent, dass bestimmte Lebensformen Bewusstsein erlangten. Zu diesem Zeitpunkt erwachte unser Universum und wurde sich seiner selbst bewusst. Ich sehe einen Triumph darin, dass wir zwar nur aus Sternenstaub bestehen, aber ein so genaues Verständnis des Universums entwickelt haben, in dem wir leben.
Dass es einen qualitativen Unterschied zwischen dem Gehirn eines Regenwurms und dem Menschen gibt. Daraus folgt: Computer können im Prinzip menschliche Intelligenz nachahmen oder sie sogar verbessern. Es ist für ein Lebewesen offensichtlich möglich, höhere Intelligenz zu entwickeln als seine Vorfahren: Wir haben uns so entwickelt, dass wir schlauer sind als unsere affenähnliche Vorfahren. Auch Albert Einstein war schlauer als seine Eltern.
Wenn Computer sich weiterhin gemäß Moores Gesetz entwickeln und also ihre Geschwindigkeit und Speicherkapazität alle 18 Monate

verdoppeln, dann hat das zur Folge, dass Computer wahrscheinlich früher oder später in den kommenden 100 Jahren die Menschen hinsichtlich ihrer Intelligenz überholen werden. Wenn eine Künstliche Intelligenz (KI) besser wird als Menschen bei der Konstruktion von KI, so dass sie sich rekursiv ohne menschliche Hilfe verbessern kann, dann steht uns höchstwahrscheinlich eine Intelligenzexplosion bevor, die letztlich in die Maschinenintelligenz mündet: Sie wird unsere Intelligenz in viel höherem Maß übertreffen als unsere Intelligenz die von Schnecken. Bevor es so weit ist, müssen wir sicherstellen, dass die Computer Ziele verfolgen, die auf einer Linie mit unseren Zielen liegen. Die Vorstellung Maschinen nur als Science-Fiction ist verführerisch, doch das wäre ein Fehler – womöglich auch der schlimmste Fehler, den wir begehen könnten.

In den zurückliegenden 20 Jahren hat sich die KI-Forschung auf Probleme bei der Konstruktion intelligenter Agenten konzentriert, von Systemen also, die eine bestimmte Umgebung wahrnehmen und darin agieren. In diesem Kontext bezieht sich die Intelligenz statistische und ökonomische Konzepte von Rationalität – einfacher gesagt: auf die Fähigkeit gute Entscheidungen zu treffen, Pläne zu entwickeln oder Schlüsse zu ziehen. Das Ergebnis dieser Arbeit der vergangenen Jahre war ein hohes Maß an Integration und gegenseitiger Befruchtung auf dem Gebiet der KI:

bei maschinellem Lernen, Statistik, Kontrolltheorie, Neurowissenschaft und in anderen Bereichen. Das Schaffen gemeinsamer theoretischer Rahmenkonzepte, kombiniert mit der Verfügbarkeit von Daten und Rechenleistung, hat bei unterschiedlichen zusammengesetzten Aufgaben zu beachtlichen Erfolgen geführt – man denke nur an:

- Spracherkennung, maschinelle Übersetzung, Körperbewegung (z.B. Beine)

Bildklassifikation, autonome Fahrzeuge, Frage-Antwort-Systeme

Während die Entwicklung in diesen und anderen Bereichen die

Laborforschung hinter sich lässt und zu ökonomisch ergiebigen Techniken führt, wird ein positiver Kreislauf in Gang gesetzt, in dem selbst kleine Leistungsverbesserungen große Geldsummen Wert sind, was weitgehende, umfangreichere Investitionen in die Forschung ermöglicht. Heute gibt es einen breiten Konsens, dass die KI-Forschung kontinuierlich fortschreitet und dass sich ihr gesellschaftlicher Einfluss erheblich vergrößern wird. Der potentielle Nutzen ist immens. Wir können nicht voraussagen, was noch alles zu vollbringen ist, wenn diese Intelligenz durch solche Werkzeuge erweitert wird, die uns die KI ihrerseits bereitstellt. Die Überwindung von Krankheit und Armut ist möglich. Wegen des gewaltigen Potentials der KI ist es allerdings wichtig, genau zu untersuchen, wie man von den Vorteilen profitieren kann und zugleich potentielle Fallstricke umgeht. Die erfolgreiche Hervorbringung Künstlicher Intelligenz wäre das größte Ereignis in der Geschichte der Menschheit.

Fatalerweise könnte es auch das letzte Ereignis der Menschheit werden, außer wir lernen, Risiken zu vermeiden. Als Werkzeug benutzt, kann KI unsere aktuelle Intelligenz erweitern und Vorteile in allen Bereichen der Wissenschaft und Gesellschaft bringen. Allerdings gehen mit der Künstlichen Intelligenz auch Gefahren einher. Die bislang entwickelten primitiven Formen Künstlicher Intelligenz haben sich als sehr nützlich herausgestellt, allerdings habe ich Angst vor den Folgen, die es haben könnte, wenn wir etwas schaffen, das dem Menschen ebenbürtig oder ihm sogar überlegen ist. Es ist zu befürchten, dass die KI alleine weitermacht und sich mit ständig zunehmender Geschwindigkeit selbst überarbeitet. Menschen, die aufgrund der Langsamkeit ihrer biologischen Evolution beschränkt sind, könnten nicht mithalten und würden verdrängt. Und künftig könnte KI einen eigenen Willen entwickeln, der zu unserem Willen in Widerspruch steht. Manche glauben, der Mensch könne die Wachstumsrate der Technologie angemessen lange kontrollieren, und das Potential von KI könne ein- und umgesetzt werden, um zahlreiche Weltprobleme zu lösen. Ich bin zwar bezüglich der Gattung Mensch als Optimist bekannt, doch in dieser Frage bin ich mir nicht so sicher.

So denken etwa weltweit Militärs bereits jetzt darüber nach, ob sie ein Wettrüsten auf dem Feld der Autonomen Waffensysteme starten sollen, die selbständig ihre Ziele auswählen und eliminieren. Während die UN über einen Vertrag diskutieren, der solche Waffen verbieten soll, vergessen diejenigen, die sich für Autonome Waffen einsetzen, in der Regel, die wichtigste Frage zu stellen: Wie sieht der wahrscheinliche Endpunkt eines solchen Wettrüstens aus? Ist es für die Menschheit insgesamt annehmbar und vorteilhaft? Wollen wir wirklich, dass günstige KI-Waffen zu den Kalaschnikows von morgen werden, die auf dem Schwarzmarkt an Kriminelle und Terroristen verkauft werden? Wir müssen uns Gedanken über unsere Fähigkeit machen, langfristig die Kontrolle über immer weiter entwickelte KI-Systeme zu behalten-können wir uns da leisten, sie zu bewaffnen und unsere Verteidigung ihnen zu überlassen? Am 6. Mai 2010 lösten computerbasierte Handelssysteme den Flashcrash am Finanzmarkt aus. Wie würde ein von Computer ausgelöster Crash auf dem Verteidigungssektor aussehen? Der ideale Augenblick, um das Wettrüsten mit Autonomen Waffen zu beenden ist: Jetzt! Sofort!

Mittelfristig könnten durch KI unsere Arbeitsstellen automatisiert werden, was mehr Wohlstand und Gleichheit bedeutet. Blickt man in die fernere Zukunft, dann sind keine fundamentalen Grenzen in Sicht, was man erreichen kann. Es gibt kein physikalisches Gesetz, das Partikel daran hindert, sich zu organisieren, und zwar auf eine Art und Weise, die noch ausgereiftere Berechnungen ermöglicht als durch die Partikelanordnungen in unserem Gehirn. Ein explosiver Wandel ist möglich, wobei er sich allerdings vielleicht anders vollzieht, als es in Filmen dargestellt wird. Irving Good stellte 1965 fest, dass Maschinen mit übermenschlicher Intelligenz immer neu ihre Konstruktion überarbeiten, verbessern und einleiten könnten, was Vernor Vinge eine technische Singularität nennt. Man kann sich lebhaft vorstellen, dass eine solche Technologie Finanzmärkte austrickst, menschliche Forscher überflüssig macht, menschliche Führungspersonen ausbremst und uns mit ihren Waffen, die wir überhaupt nicht verstehen, unterwirft. Momentan und auf kurze Sicht hängt der Einfluss der KI davon ab, wer sie kontrolliert, auf lange Sicht davon, ob sie überhaupt kontrollierbar ist.

Kurz: Das Aufkommen superintelligenter KI wäre entweder das Beste oder das Schlimmste, was der Menschheit passieren kann. Das eigentliche Risiko bei KI ist nicht Bosheit sondern Kompetenz. Eine superintelligente KI wird extrem gut darin sein, ihre Ziele anzusteuern – und sollten diese Ziele nicht mit unseren übereinstimmen, bekommen wir Probleme. Bestimmt sind Sie kein schlimmer Ameisenhasser, der diese Tiere aus purer Bosheit tottritt. Wenn Sie allerdings die Verantwortung eines Baus für ein Wasserkraftwerk zur Erzeugung von Ökostrom haben und ein Ameisenhügel im betroffenen Gebiet geflutet wird- Pech für die Ameisen. Wir sollten es vermeiden, die Menschheit in die Lage dieser Ameisen zu bringen. Wir sollten vorausdenken.

Wenn eine überlegene außerirdische Zivilisation uns in einer Textmessage mitteilte: „In ein paar Jahrzehnten treffen wir ein“, würden wir einfach nur antworten: „Okay, sagt uns Bescheid, wenn ihr da seid, wir lassen das Licht brennen“? Wahrscheinlich nicht – aber mehr oder weniger so lief es bisher mit KI. Bezüglicher dieser Themen wurde kaum ernsthafte Forschungsarbeit geleistet, abgesehen von einigen wenigen kleinen gemeinnützigen Instituten.

Das ändert sich nun glücklicherweise. Die Technikpioniere Bill Gates, Steve Wozniak und Elon Musk haben auf meine Bedenken reagiert, und eine leistungsfähige Kultur aus Risikoabwägung und

Einbeziehung der gesellschaftlichen Implikation beginnt sich in der KI-Community auszubreiten.

Im Januar 2015 habe ich zusammen mit dem Technologie-Unternehmer Elon Musk und weiteren zahlreichen KI-Experten einen offenen Brief zum Thema Künstliche Intelligenz verfasst, in dem wir zu massiven Forschungen zu deren Einfluss in der Gesellschaft aufrufen. Elon Musk hat früher darauf hingewiesen, dass übermenschliche Intelligenz unermessliche Vorteile bringen kann.

Wenn wir allerdings unvorsichtig umgehen, stellt sich der gegenteilige Effekt auf die Menschheit ein.

Elon und ich gehören zum wissenschaftlichen Beirat des Future of Life Institute, einer Organisation, deren Ziel es ist, existentielle Risiken für die Menschheit zu mildern. Der offene Brief von diesem Beirat verfasst, rief zu konkreter Forschung über die Frage auf, wie wir potentiellen Problemen vorbeugen können, während wir gleichzeitig von dem Potential profitieren, das die KI uns bietet. Unser Brief soll KI-Forscher und – Entwickler dazu bewegen, dem Thema KI-Sicherheit mehr Aufmerksamkeit zukommen zu lassen. Außerdem sollte der Brief, der sich auch an Politiker und die weltweite Öffentlichkeit wandte, informativ sein – aber nicht alarmierend wirken. Jeder soll wissen, und das halten wir für äußerst wichtig, dass KI-Forscher sich mit diesen Bedenken und ethischen Problemen ernsthaft auseinandersetzen.

So hat beispielsweise die KI das Potential Krankheit und Armut endgültig zu besiegen, doch die Forschung muss an der Entwicklung einer kontrollier- und steuerbaren KI arbeiten.

Im Oktober 2016 eröffnete ich außerdem ein neues Zentrum in Cambridge, das versuchen soll, einige der offenen Fragen anzugehen, welche die rapiden Fortschritte der KI-Forschung aufwerfen. Das Leverhulme Centre for the Future of Intelligence ist ein interdisziplinäres Institut, das die Zukunft der Intelligenz untersucht, die entscheidend ist für die Zukunft unserer Kultur und der Spezies Mensch. Wir verbringen viel Zeit damit, die Geschichte der Menschheit zu studieren, die – machen wir uns nichts vor – überwiegend eine Geschichte der Dummheit ist. Es ist also eine vollkommene Abwechslung, wenn die Leute sich mit der Zukunft der Intelligenz befassen. Wir sind uns der potentiellen Gefahren bewusst, aber vielleicht können wir mit den intelligenten Werkzeugen dieser neuen technischen Revolution sogar einige der Schäden wiedergutmachen, die der Natur durch die Industrialisierung zugefügt wurden.

Zu den aktuellen Trends in der Weiterentwicklung der KI gehört auch ein Bericht des Europaparlaments, in dem es dazu aufruft, ein Regelwerk zu entwerfen, das für die Produktion von Robotern und ihrer KI einen verbindlichen Rahmen festlegt. Erstaunlicherweise ist darin auch eine Art elektronische „Personalität" enthalten, die die Rechte und Pflichten der fähigsten und fortgeschrittensten KI festschreiben will. Ein Sprecher im Europäischen Parlament meinte dazu, immer mehr Bereiche des Alltags seien von Robotern beeinflusst, wir müssten daher sicherstellen, dass Roboter im Dienst der Menschheit stehen – und bleiben.

Der Report, der den Mitgliedern des Europaparlaments vorgelegt wurde, lässt klar erkennen, dass man davon ausgeht, dass an der Schwelle zu einer neuen industriellen Roboterrevolution steht. Er untersucht, ob es statthaft und angebracht wäre (oder nicht), Robotern als elektronischen Personen – auf eine Stufe mit der rechtlichen Definition juristischer Personen – gesetzliche Rechte einzuräumen. Gleichzeitig wird aber auch unterstrichen, Forscher und Entwickler hätten jederzeit darauf zu achten, dass sämtliche Roboter-Konstrukte über einen Notschalter verfügen.

Das nützte nun aber den Wissenschaftlern an Bord eines Raumschiffes nichts, denn HAL, der Roboter-Computer in Kubricks 2001: Odyssee im Weltraum funktionierte nicht mehr richtig – aber das war Fiktion. Wir haben es hingegen mit Fakten zu tun. Lorna Brazell, eine Partnerin in der multinationalen Anwaltskanzlei Osborne Clark, gibt in ihrem Bericht zu bedenken, solange wir Walen und Gorillas keinen Personenstatus zusprächen, gebe es keinen Grund, dieses Recht Robotern zu bewilligen. Eine gewisse Skepsis ist dabei unverkennbar. Der Bericht räumt ein, innerhalb weniger Jahrzehnte könne die KI die menschliche intellektuelle Kapazität überholen und die Mensch-Roboter-Beziehung grundsätzlich in Frage stellen.

Bis zum Jahr 2025 wird es rund 25 Megastädte geben, jede mit über zehn Millionen Einwohnern. Wenn all diese Menschen nach Waren und Dienstleistungen verlangen, die ihnen zu jeder Tages- und Nachtzeit zur Verfügung stehen sollen – kann die Technik uns dabei behilflich sein, mit der umgehenden Erfüllung unserer Kundenwünsche Schritt zu halten? Roboter werden zweifellos die Abläufe im Online-Handel beschleunigen. Um allerdings das Einkaufsverhalten wirklich zu revolutionieren, müssten sie schnell genug sein, jeder Bestellung am selben Tag nachkommen zu können.

Die Möglichkeiten, mit der Welt in Verbindung zu treten, ohne physisch anwesend zu sein, nehmen rapide zu. Ich finde das verlockend, wie Sie sich bestimmt vorstellen können, nicht zuletzt deswegen, weil das Großstadtleben für uns alle so hektisch ist. Wie oft haben Sie sich nicht schon ein Double gewünscht, das Ihnen einen Teil der Arbeitsbelastung abnehmen könnte?

Eine ehrgeizige Wunschvorstellung wäre es, realistische digitale Vertreter für uns konstruieren zu lassen. Diese Idee ist gar nicht so weit hergeholt, wie neueste Entwicklungen belegen.

Als ich noch jünger war, ließen die zunehmenden technischen Erneuerungen darauf schließen, dass uns eine Zukunft bevorstand, in der wir alle mehr Freizeit haben würden. Tatsächlich aber sind wir mit der Zunahme unserer Handlungsmöglichkeiten auch immer beschäftigt. Unsere Städte sind bereits voller Maschinen, die unsere

Fähigkeiten erweitern – wie aber wäre es, wenn wir an zwei Orten gleichzeitig sein könnten? Wir haben uns an Automatenstimmen in Telefonsystemen und bei öffentlichen Lautsprecherdurchsagen gewöhnt. Nun arbeitet der Erfinder Daniel Kraft daran herauszufinden, wie wir uns selbst visuell nachbilden können. Die Frage ist: Wie überzeugend kann ein Avatar wirken?

Interaktive Tutoren könnten sich für offene Onlinekurse (MOOCs), die sich an ein breites Publikum wenden, und für Unterhaltungszwecke als nützlich erweisen; das stelle ich mir großartig vor. Oder digitale Schauspieler, die ewig jung bleiben und eigentlich undurchführbare Kunststücke vollbringen können.

Als die Schreibmaschine erfunden wurde, machte sie den Weg frei für die Art, wie wir Maschinen interagieren. Fast 150 Jahre später haben Touchscreens neue Wege eröffnet, mit der digitalen Welt zu kommunizieren. Die neuesten bahnbrechenden Errungenschaften im Bereich der KI – wie die bereits erwähnten autonomen Fahrzeuge oder ein Computer, der beim Go-Spiel gewinnt – sind Zeichen für das, was noch kommt. Enorme Mengen an Geld fließen in diese Technologien, die schon heute einen Großteil unseres Lebens beeinflussen. In den nächsten Jahrzehnten werden sie jeden Bereich unserer Gesellschaft besetzen, intelligente Hilfe leisten und uns auf vielen Gebieten: dem Gesundheitswesen, der Arbeit, der Bildung und der Wissenschaft – unterstützen. Die Errungenschaften, die wir bis heute kennengelernt haben, werden mit Sicherheit von dem, was die nächsten Jahrzehnte bringen völlig in den Schatten gestellt, und überhaupt nicht voraussagen können wir, was wir zu leisten vermögen, wenn unser Geist durch KI erweitert wird.

Vielleicht können wir mit den Werkzeugen dieser neuen technologischen Revolution das menschliche Leben verbessern. Beispielsweise arbeiten Wissenschaftler an eine KI, die es möglich macht, die Lähmung bei Menschen mit Rückenmarksverletzungen aufzuheben. Mit implantierten Chips aus Silikon und kabellosen elektronischen Schnittstellen. Es gibt zwei Möglichkeiten: auf dem Kopf angebrachte Elektroden oder Implantate. Bei der ersten Möglichkeit hat man den Eindruck, durch zugefrorene Glasscheiben zu schauen; die zweite Möglichkeit ist besser, birgt allerdings das Risiko von Infektionen. Wenn wir ein menschliches Gehirn mit dem Internet verbinden können, steht ihm das gesamte Wikipedia als Ressource zur Verfügung.

Die Welt verändert sich mit immer höherer Geschwindigkeit, seit Menschen, Geräte und Informationen miteinander verbunden werden. Die Leistung von Computern nimmt ständig zu, und es gibt bereits Quantencomputer. Sie werden das Gebiet der Künstlichen Intelligenz mit exponentiell noch höherer Geschwindigkeit revolutionieren und die Chiffrierung vorantreiben. Quanten-computer werden alles verändern. Auch die Biologie des Menschen.

Es gibt bereits eine Technik, mit der sich die DNA präzise aufbereiten lässt, die sogenannte CRISPR-Methode (Clustered Regularly Interspaced Short Palindromic Repeats, dabei handelt es sich um gruppierte, kurze palindromische Wiederholungen mit regelmäßigen Abständen). Die Grundlage dieser genomveränderten Technik ist ein bakterielles Abwehr System. Es kann Abschnitte des genetischen Codes exakt ansteuern und verändern. Die beste Zielsetzung für genetische Manipulation wäre: Genveränderungen würden es Wissenschaftlern ermöglichen, genetische Krankheitsursachen durch die Korrektur von Genmutationen zu behandeln.

Es gibt allerdings auch moralisch kaum vertretbare Möglichkeiten der DNA- Manipulation. Wie weit wir bei der Genmanipulation gehen dürfen, ist eine immer dringlicher werdende Frage. Wenn wir über die Möglichkeiten nachdenken, Motoneuron-Krankheiten – wie meine Amyotrophe Lateralsklerose(ALS) – zu heilen, dürfen wir die Gefahren nicht aus dem Blick verlieren.

Intelligenz wird als die Fähigkeit zur Veränderung charakterisiert. Die menschliche Intelligenz ist das Ergebnis einer sich über viele Generationen natürlichen Auswahl derjenigen, die fähig waren, sich veränderten Umständen anzupassen. Wir brauchen keine Angst vor Veränderungen zu haben. Wir müssen jedoch dafür sorgen, dass sie sich zu unserem Vorteil auswirken.

Wir alle müssen daran mitwirken sicherzustellen, dass wir und die nach uns kommende Generation nicht nur die Möglichkeit haben, sondern entschlossen sind, sich so früh wie möglich auf ein Studium der Naturwissenschaften einzulassen, damit wir auch weiterhin unser Potential voll ausschöpfen und eine bessere Welt für die gesamte Menschheit schaffen können. Unser Lernen darf sich nicht darauf beschränken, Wesen und Wirkung der KI theoretisch zu diskutieren. Wir müssen aktiv werden und sicherstellen, dass wir zukünftige Optionen planen. Sie alle haben das Potential, die Grenzen dessen, was akzeptiert oder erwartet wird, auszuweiten und groß zu denken. Wir stehen an der Schwelle zu einer schönen neuen Welt. Es ist ein aufregender und gleichzeitig gefährlicher Ort. Und Sie sind die Pioniere dieser Welt.

Nachdem wir das Feuer erfunden hatten, haben wir uns ein paarmal dumm angestellt. Und dann den Feuerlöscher erfunden. Bei mächtigeren Technologien wie Nuklearwaffen, Synthetischer Biologie und hochentwickelter Künstlicher Intelligenz sollten wir uns vorher Gedanken machen und uns große Mühe geben, alles gleich beim ersten Mal richtig zu machen. Denn womöglich haben wir nur diese eine Chance. Unsere Zukunft ist ein Wettlauf zwischen der wachsenden Macht unserer Technologien und der Weisheit, mit der wir davon Gebrauch machen. Wir sollten sicherstellen, dass die Weisheit gewinnt.

Warum machen wir uns wegen Künstlicher Intelligenz so große Sorgen?

Der Mensch wird doch jederzeit dazu in der Lage sein, den Stecker zu ziehen!
Die Menschen fragten einen Computer: „Gibt es einen Gott?“ Und der Computer sagte: „Ja. Ab jetzt“ – und brannte mit dem Stecker durch.

Meinung anderer Wissenschaftler und des Autors:
Wie werden wir in 100 Jahren leben? Diese Frage hat der Physiker Michio Kaku den 300 klügsten Köpfen aus Wissenschaft und Forschung gestellt. Die Antworten sind überwiegend optimistisch, aber sie stimmen auch sehr nachdenklich. Nein, die Welt wird nicht untergehen. Sie wird sich verändern. Dramatisch verändern. Vor allem im Bereich der künstlichen Intelligenz werden wir dramatische Veränderungen erleben.
Die beherrschende Stellung des Menschen ist in Gefahr. Die Zukunft wird in wesentlichen Teilen auch von Robotern und Computern mit beeinflusst. Das Tempo der modernen Welt wird vom Tempo der Computer bestimmt. Und deren Geschwindigkeit nimmt stetig zu. Die Rechenkapazität von Computern verdoppelt sich etwa alle 18 Monate. Computerspielkonsolen besitzen heute mehr Rechenleistung als die Großrechner in vergangenen Jahrzehnten.

Ein Smartphon verfügt über mehr Leistung als die NASA im Jahr der Mondlandung 1969. In Zukunft werden wir von Computern umzingelt sein. Sie sehen allerdings anders aus oder sind überhaupt nicht mehr als Computer zu erkennen. In jedem Gegenstand, jeder Wand, jeder Tapete, in allem, was uns umgibt wird sich ein rechnender Chip befinden, der mit dem Internet verbunden ist.
Unsere Umgebung wird intelligent. Ein Raum wird bemerken, wenn sie ihn betreten, und er wird dafür sorgen, dass an der richtigen Stelle das Licht angeht und eine vernünftige Temperatur herrscht.

Computer gehen in unserer Umgebung auf und werden unsichtbar und lautlos unsere Befehle ausführen, weil wir sie mit unseren Gedanken steuern.

Auch Autos werden intelligent. Sie fahren vom Computer gelenkt, ohne Lenkrad und Fahrer zu ihrem Ziel. Die Insassen können sich entspannen und unterhalten. Vielleicht gehören dann auch Unfälle und Staus der Vergangenheit an. GPS-Systeme und Radar sorgen für freie Fahrt und lenken sicherer durch den Verkehr der Zukunft, als es ein Mensch jemals könnte.

Am Ende dieser rasanten Entwicklung wird der menschliche Geist in der Lage sein, Objekte in der Umgebung zu beherrschen, und der Computer wird unsere Wünsche lesen können. Wir erschaffen uns eine individuelle Umwelt. Eine Mischung aus virtueller und realer Welt.
Die Intelligenz von Robotern und Maschinen nimmt ständig zu. Ihre Form verändert sich je nach Aufgabe, weil sie aus Modulen bestehen, die sich in immer neuen Formen zusammensetzen. So können sie verschiedenste Aufgaben für den Menschen erledigen.
Sie reparieren die Infrastruktur der Städte. Sie werden als Chirurg, Koch oder Musiker eingesetzt. Überall, wo größte Präzision gefragt ist. In Japan gibt es jetzt schon einen Roboterkoch, der Fast-Food-Gerichte zubereiten kann, und einen Roboter, der sehr gut Flöte spielt.
Das menschliche Gehirn ist im Gegensatz zum Computer langsam. Aber es kann Dinge, die dem Computer schwerfallen: Es behandelt viele Probleme gleichzeitig. Es kann sehr schnell Muster erkennen, und es lernt ununterbrochen. Trotzdem sind die führenden Forscher auf dem Gebiet sicher, dass Mitte des Jahrhunderts genügend Rechenleistung zur Verfügung steht, um das menschliche Gehirn zu

simulieren. Bis jetzt haben wir allerdings noch nicht einmal vollständig verstanden, wie der Mensch denkt.
Auch auf die Frage, wann Computer eine Art Bewusstsein entwickeln könnten, gibt es keine Antwort oder Vorhersage. Bis jetzt ist noch nicht einmal geklärt, was Bewusstsein eigentlich ist. Ein paar Dinge gehören wohl dazu: detailliertes Wahrnehmen der Umwelt, Selbstwahrnehmung lautlos mit sich selber sprechen, Interaktion und vorausschauendes Handeln. In diese Disziplinen sind Computer bis heute eher schlecht.

Ist es trotzdem denkbar, dass wir gerade an unserem Nachfolger in der Evolutionskette basteln? Werden uns die Computer überflügeln und irgendwann intelligenter als der Mensch sein? Wird am Ende die Erde zu einem gigantischen Supercomputer; weil die Maschinen die Macht übernehmen? Es gibt Forscher, die sich so ein Szenario wirklich vorstellen können.
Danach werden unsere Computer am Ende ins All hinausziehen und andere Planeten, Sterne und Galaxien in Supercomputer verwandeln. Prominenter Vertreter dieser eher abstrakt erscheinenden Idee ist der bekannte Unternehmer, Erfinder und Bestseller-Autor Ray Kurzweil. Kurzweil meint, dass bereits im Jahr 2045 intelligente Computer sich selbst reproduzieren und die menschliche Leistungsfähigkeit überbieten.
Was ist überhaupt „Künstliche Intelligenz“? Es ist ein Computerprogramm (Algorithmus); das darauf spezialisiert ist, einen kleinen Ausschnitt der menschlichen Intelligenz nachzuahmen. Es gibt z.B. KI, die wie ein Mensch erkennen kann, welche Gegenstände auf einem Foto zu sehen sind. Andere KI versteht die Bedeutung gesprochener Worte oder unterscheidet verschiedene Gesichter. Sie kann Röntgenaufnahmen für Ärzte analysieren oder im Auto vor Hindernissen auf der Straße warnen.

Geräte mit künstlicher Intelligenz brauchen Sensoren, die für sie sehen oder hören, vielleicht sogar riechen. Das sind zum Beispiel Kameras oder Mikrofone. Die nehmen Informationen auf, damit die KI mit bestimmten Handlungen und Aktivitäten darauf reagieren kann. Damit eine KI Gesichter identifizieren, Gegenstände auf einem Foto unterscheiden oder Wörter übersetzen kann, muss sie für diese Aufgabe trainiert werden. Das passiert zum Beispiel indem Menschen dem Computerprogramm auf zehntausenden Bildern zeigen, was dort zu sehen ist: ein Haus, ein Hund ein Auto. Durch dieses Training kommt der Algorithmus in die Lage, das gleiche zu tun. Bevor also eine KI unser Leben erleichtern kann muss ihr das Wissen in einem aufwendigen Lernprozess beigebracht werden. Es gibt heute eine große Industrie, die nur davon lebt, entsprechende Programme zu erstellen. Solange eine KI in ihrem Spezialgebiet trainiert wurde und arbeitet, kann sie Aufgaben anscheinend besser und schneller erledigen als der Mensch. Schwierigkeiten bekommt die KI, wenn sie in einem anderen Bereich eingesetzt werden soll.
Müssen wir Angst haben, dass künstliche Intelligenz einmal die Weltherrschaft an sich reißt? Nein, das ist mit dem Stand, der heute verfügbaren Technik ausgeschlossen. Die intelligenten Programme sind nur für einen ganz bestimmten Zweck geeignet und können nicht einfach andere, neue Funktionen übernehmen oder sich sogar selbständig machen.
Künstliche Intelligenz soll dem Menschen dienen und nicht umgekehrt.

Zwei Dinge sind klar: Erstens, die künstliche Intelligenz entwickelt sich derzeit stürmisch und feiert einen Erfolg nach dem anderen. Zweitens, Digitalkonzerne wie Amazon, Apple, Microsoft, Facebook und Google ("die fürchterlichen Fünf") investieren Milliarden in die Forschung – fast so viel wie der amerikanische Staat insgesamt pro Jahr für die zivile Forschung. Es ist also abzusehen, dass künstliche Systeme immer mehr lernen werden. Das führt unausweichlich zu drei Fragen: Erstens, was werden sie können? Zweitens, was werden sie wollen? Und drittens, was wird aus dem Menschen?

Wie wollen wir also unsere Zukunft gestalten? Stellt sich die Frage Technologie gegen Menschlichkeit? Um die Technik sinnvoll einzusetzen brauchen wir andere Regeln, die wir aufstellen und dann auch umsetzen. Es geht darum das Menschliche zu bewahren und der Technologie nicht alle Felder zu überlassen, die technisch machbar sind. Es müssen Grenzen gesetzt werden, dass Menschlichkeit der Maßstab bleibt. Neue ethische Grundsätze mit der entsprechenden Werteorientierung können ein Wegweiser sein.

Dies gilt vor allem im Hinblick auf das Arbeitsleben. Hat der Mensch künftig noch genügend Arbeit und wie wird die Wertschöpfung verteilt? Also auch eine Zukunft, die mit großen Problemen beladen ist.

Kapitel 10

WIE GESTALTEN WIR UNSERE ZUKUNFT?

Stephen Hawking:
Vor 100 Jahren revolutionierte Albert Einstein unser Verständnis des Universums, von Zeit, Energie und Materie. Immer noch stoßen wir auf überwältigende Bestätigungen seiner Voraussagen, so etwa die Gravitationswellen, die am 14. September 2015 im LIGO-Experiment erstmals beobachtet werden konnten.
Denke ich über die Genialität nach, kommt mir immer Albert Einstein in den Sinn. Woher nahm er seine genialen Ideen? Wahrscheinlich war es eine Mischung aus Eigenschaften: Intuition, Originalität, Brillanz. Einstein besaß die Fähigkeit, unter die Oberfläche zu schauen und die zugrunde liegende Struktur freizulegen. Um den Common Sense scherte er sich nicht – also um die Vorstellung, die Dinge müssten so sein, wie sie zu sein schienen. Er hatte den Mut, Ideen zu verfolgen, die anderen absurd vorkamen. Und das machte ihn frei dafür, genial zu sein – ein Genie seiner Zeit und für alle späteren Zeiten.
Ein Schlüsselelement für Einstein war Phantasie. Viele seiner Entdeckungen entsprangen seiner Fähigkeit, sich mithilfe von Gedankenexperimenten das Universum ganz neu vorzustellen. Mit 16 Jahren stellte er sich vor, er würde auf einem Lichtstrahl reiten, und da fiel ihm auf, dass von dieser Position aus das Licht als gefrorene, feststehende Welle wahrgenommen wird. Diese anschauliche Vorstellung führte ihn schließlich zur Entwicklung der Speziellen Relativitätstheorie.
100 Jahre später wissen die Physiker über das Universum sehr viel mehr als Einstein damals. Wir verfügen heute über grandiose Entdeckungswerkzeuge: Teilchenbeschleuniger, Supercomputer, Welt-

raumteleskope und Experimente wie die Arbeit des LIGO über Gravitationswellen. Doch unsere mächtigste Eigenschaft ist nach wie vor die Phantasie. Mit ihr können wir überall in Raum und Zeit frei umherschweifen. Wir können die Naturphänomene beobachten, während wir Auto fahren, im Bett vor uns hindämmern oder so tun, als würden wir bei einer Party jemandem aufmerksam zuhören.

Als Junge untersuchte ich leidenschaftlich gerne Gegenstände um herauszubekommen, wie sie funktionierten. Damals war es naheliegend, etwas auseinanderzunehmen und seine Funktionsweise aufzuspüren. Nicht immer schaffte ich es, die Spielzeuge wieder zusammenzubauen, die ich zerlegt hatte, aber ich lernte sicher mehr als ein Mädchen, das heute den gleichen Trick mit einem Smartphone ausprobieren würde.

Immer noch ist es mein Job herauszubekommen, wie Dinge funktionieren –verändert hat sich lediglich die Größenordnung. Ich zerlege keine Modelleisenbahnen mehr. Stattdessen versuche ich mir vorzustellen, wie das Universum unter Verwendung der Gesetze der Physik funktioniert.

Wenn Sie wissen, wie etwas funktioniert, können Sie es kontrollieren. Das klingt absolut simpel, wenn ich es so formuliere! Und doch ist es ein spannendes, komplexes Unterfangen, das ich während meines ganzen Lebens als Erwachsener immer faszinierend fand und als spannend erlebte. Ich habe mit einigen der weltweit bedeutendsten Wissenschaftler zusammengearbeitet. Ich hatte das Glück in einer veritablen Glanzzeit meines Spezialgebietes – der Kosmologie, der Erforschung der Ursprünge des Universums – zu leben. Der menschliche Geist ist ein ganz unglaubliches Phänomen. Er kann sich die Grandiosität der Himmelsphären und die undurchschaubaren Feinheiten der Grundbestandteile des Universums vorstellen. Damit der Geist sein volles Potential erreicht, ist allerdings ein Funke erforderlich: der Funke der Wissbegierde und des Staunens.

Dieser Funke springt häufig von einem Lehrer über. Lassen Sie mich das erklären. Ich war nicht der angenehmste Schüler – lernte nur langsam lesen, und meine Handschrift war krakelig. Als ich 14 Jahre alt war, zeigt mir mein Lehrer Dikran Tahta in meiner Schule in Saint Albans, wie ich meine Energie bündeln konnte, und brachte mich dazu, Mathematik als ein kreatives Feld anzusehen. Er öffnete mir die Augen für Mathematik, als Blaupause des ganzen Universums. Wenn sie nach Ursprüngen einer außerordentlichen Persönlichkeit fragen, werden Sie immer auf einen außerordentlichen Lehrer stoßen. Wenn wir darüber nachdenken, was wir im Leben tun können, dann tun wir das mit größter Wahrscheinlichkeit, weil ein Lehrer uns dazu motiviert hat.

Bildung, Wissenschaft und Technologieforschung sind heute jedoch mehr bedroht denn je. Aufgrund der aktuellen Finanzkrise und der Sparmaßnahmen werden auf allen Gebieten der Wissenschaft Forschungsmittel gestrichen. Ganz besonders schlimm trifft es die Grundlagenforschung. Außerdem besteht die Gefahr, dass wir kulturell isoliert werden und zunehmend von den Orten abgeschnitten sind, wo sich Fortschritte ereignen. Auf dieser Forschungsstufe ermöglicht der Austausch zwischen Menschen über Grenzen hinweg einen schnelleren Wissenstransfer und bringt neue Menschen mit unterschiedlichen Ideen zusammen, die aus jeweils unterschiedlichen Kulturen stammen. Das könnte den Fortschritt erleichtern, doch heute wird ein solcher Fortschritt eher erschwert. Es ist nun einmal so – wir können die Zeit nicht zurückdrehen.

Indem der Brexit und Donald Trump jetzt neuen Druck auf die Immigration und die (Aus-) Bildungsentwicklung ausüben, erleben wir eine weltweite Revolte gegen Experten, die Wissenschaftler mit einschließt. Was können wir also jetzt tun, um die Zukunft der Wissenschafts- und Technologieausbildung zu sichern? Ich komme auf meinen Lehrer zurück, Herrn Tahta. Die Zukunft der Bildung muss in den Schulen und durch inspirierende Lehrer grundgelegt werden.

Schulen können jedoch nur für die ersten elementaren Voraussetzungen sorgen, um sich den Naturwissenschaften zu nähern, denn manchmal wirken Gleichungen, langweiliges Auswendiglernen für die Kinder abschreckend. Die meisten Menschen reagieren auf qualitative Wissensvermittlung, die ohne komplizierte Gleichungen auskommt, besser als auf quantitative Vermittlung.

Populärwissenschaftliche Bücher und Artikel können ebenfalls Ideen darüber vermitteln, wie wir leben können.

Allerdings werden selbst die erfolgreichsten Bücher nur von einem kleinen Anteil der Bevölkerung gelesen. Wissenschaftliche Fernsehdokumentationen und Filme, erreichen ein Massenpublikum, aber die Kommunikation erfolgt nur in eine Richtung.

Als ich in den 1960er Jahren die Kosmologie zu erforschen begann, war sie ein obskures Forschungsfeld für ein paar Sonderlinge. Heute hat die Kosmologie aufgrund theoretischer Arbeit und experimenteller Triumphe wie etwa des Large Hadron Collider (LHC) und der Entdeckung des Higgs-Teilchens oder auch Higgs-Bosons das Universum für uns geöffnet. Große Fragen, die noch beantwortet werden müssen, gibt es nach wie vor und es ist noch viel zu tun.

Aber wir wissen jetzt mehr und haben in dieser vergleichsweise kurzen Zeit mehr geschafft, als man es sich vor wenigen Jahrzehnten noch hätte vorstellen können.

Was aber steht denen, die jetzt jung sind, noch bevor? So viel steht fest: Ihre Zukunft wird viel stärker von Naturwissenschaften und Technik abhängen als die sämtlicher Generationen vor uns. Mehr denn je müssen sie sich mit den Naturwissenschaften auskennen, weil diese in bislang unvorstellbarem Ausmaß zu einem Teil ihres täglichen Lebens geworden sind.

Ohne zu wild zu spekulieren, lassen sich dennoch Trends und Probleme ausmachen, die sich bereits abzeichnen. Von diesen Problemen wissen wir, dass wir uns bereits heute und in Zukunft mit ihnen auseinandersetzen müssen.

Ich zähle – um nur einige wenige zu nennen – dazu:
die globale Erwärmung, die Notwendigkeit Raum und Ressourcen für die massiv anwachsende Erdbevölkerung zu finden, die rapide Ausrottung anderer Arten, die Notwendigkeit erneuerbarer Energiequellen zu entwickeln, die Zerstörung der Ozeane und Wälder, die Ausbreitung von Epidemien. Außerdem wird es in Zukunft große Erfindungen geben. Sie werden die Art und Weise revolutionieren, wie wir leben, arbeiten, essen, kommunizieren und reisen. Auf jedem Gebiet des Lebens eröffnet sich eine enorme Bandbreite an möglichen Innovationen. Das ist hoch spannend. Wir könnten nach seltenen Metallen auf dem Mond schürfen, einen mit Menschen besetzten Außenposten der Erde auf dem Mars gründen und Heilmittel und Behandlungsweisen für Krankheiten finden, die momentan noch als unheilbar gelten. Die großen existentiellen Fragen sind nach wie vor unbeantwortet – wie begann das Leben auf der Erde? Was ist Bewusstsein? Gibt es da draußen noch irgendjemanden, oder sind wir im Universum allein? An diesen Fragen sollte die nächste Generation arbeiten.

Manche glauben tatsächlich, die heutige Menschheit bilde den Gipfel der Evolution: Besser ginge es gar nicht, besser würde es nicht. Ich bin ganz anderer Meinung. Mit den Grenzbedingungen unseres Universums hat es sicher etwas Besonderes auf sich, und was könnte „besonderer" sein, als dass es keine Grenzen gibt. Das menschliche Streben sollte jedenfalls keine Grenzen haben. Für die Zukunft stehen uns zwei Möglichkeiten offen, soweit ich das sehe: erstens die Erkundung des Weltraums mit dem Ziel, alternative Planeten zu finden, auf denen wir leben können; und zweitens der gezielte Einsatz der künstlichen Intelligenz zur Verbesserung unserer Welt.

Die Erde wird für uns zu klein. Ressourcen aller Art werden mit alarmierender Geschwindigkeit verbraucht. Die Menschheit hat unserem Planeten verhängnisvolle Geschenke gemacht: Klimawandel,

Luftverschmutzung, steigende Temperaturen, Rückgang der Polareiskappen, das Verschwinden von Wäldern und die Dezimierung der Tierarten. Die Weltbevölkerung aber vermehrt sich mit ebenfalls alarmierender Geschwindigkeit: Alle 40 Jahre verdoppelt sich die Erdbevölkerung. Nimmt man diese Zahlen zur Kenntnis, dann ist völlig klar: Ein solches exponentielles Bevölkerungswachstum darf und kann sich in unserem Jahrhundert nicht fortsetzen.
Ein weiterer Grund, sich Gedanken über die Besiedelung eines anderen Planeten zu machen, ist die Gefahr eines Atomkriegs. Außerirdische haben noch keinen Kontakt zu uns aufgenommen, so besagt eine Theorie, weil eine Zivilisation, wenn sie unser Entwicklungsstadium erreicht hat, instabil wird und sich selbst zerstört. Uns steht mittlerweile dieses technische Selbstzerstörungspotential zur Verfügung, jedes Lebewesen auf Erden zu vernichten. Wie wir in den letzten Jahren in Nordkorea gesehen haben, ist das ein ernüchternder, besorgniserregender Gedanke. Aber ich bin Optimist. Wir müssen diese Armageddon-Potential, davon bin ich überzeugt, nicht nutzen, und eine der besten Möglichkeiten, um dieser Gefahr aus dem Weg zu gehen, besteht darin, sich in den Weltraum zu begeben und das Potential für Menschen zu erforschen, auf anderen Planeten zu leben.
Die zweite Entwicklungsrichtung, die sich auf die Zukunft der Menschheit auswirken wird, ist das Aufkommen Künstlicher Intelligenz. Die Forschung auf diesem Gebiet macht rasante Fortschritte. Aktuelle Wendepunkte wie selbstfahrende Autos ohne Fahrer, ein Computer, der bei Jeopardy gewinnt, und die digitalen Personal Assistants wie Siri, Google Now und Cortana sind lediglich Symptome eines Wettrüstens auf dem Feld der Informationstechnologie, das mit ungeheuren Mengen an Geldern finanziert wird und zunehmend auf seriösen theoretischen Grundlagen aufbaut. Solche Leistungen sehen vermutlich im Vergleich zu dem, was die kommenden Jahrzehnte bringen, eher unbedeutend aus.

Aber das Aufkommen superintelligenter Künstlicher Intelligenz würde sich entweder als das Beste oder als das Schlimmste erweisen, was der Menschheit widerfahren kann. Wir wissen nicht, ob wir von Künstlicher Intelligenz hervorragend unterstützt oder ignoriert und ausgebremst und womöglich sogar zerstört werden. Ich bin Optimist und glaube, dass wir Künstliche Intelligenz zum Wohl der Welt schaffen können und dass sie mit uns harmonisch zusammenarbeiten kann. Wir müssen uns nur einfach der Gefahren bewusst bleiben, diese identifizieren, die bestmöglichen Verfahren wählen und uns rechtzeitig auf die Folgen einstellen.

Technik hat auf mein Leben einen immensen Einfluss gehabt. Ich spreche mit Hilfe eines Computers. Von der computergestützten Technologie habe ich profitiert, denn sie hat mir eine Stimme wiedergegeben, nachdem meine Krankheit sie mir genommen hatte. Ich hatte das Glück, meine Stimme zu Beginn des Zeitalters der Personal Computer zu verlieren. Intel hat mich mehr als 25 Jahre lang unterstützt und mir ermöglicht, jeden Tag Tätigkeiten nachzugehen, die ich liebe. Im Verlauf dieser Jahre haben sich die Welt und der Einfluss der Technik auf die Welt dramatisch verändert. Technik hat unser Art zu leben verändert, angefangen bei der Kommunikation über genetische Forschung bis zum Zugriff auf Information und noch vielem mehr.

Als die Technik immer klüger wurde, öffnete sie Türen zu Möglichkeiten, die ich nie hätte vorhersagen können. Die Technologien, die im Zusammenhang mit der Unterstützung Behinderter entwickelt werden, machen einen Weg frei, Kommunikationsschranken einzureißen, die früher den Weg versperrten. Häufig ist dieser Bereich der Hilfsmittel für Behinderte das Testfeld für die Technologie der Zukunft. „Voice to Text, Text to Voice", „Smart Home" (Home Atomation), Drive-by-Wire", sogar der Segway waren ursprünglich für Behinderte entwickelt worden, Jahre bevor sie in den Alltagsgebrauch übernommen wurden. Derartige technische Errungenschaften verdanken sich dem mächtigen, kreativen Funken in unserem Innern. Diese Kreativität kann viele Formen annehmen – von materiellen Errungenschaften bis hin zur Theoretischen Physik.

Aber noch viel mehr wird sich ereignen. Gehirn-Interfaces könnten dieses Kommunikationsmittel, das von immer mehr Menschen genutzt wird, schneller und ausdrucksstärker machen. Ich benutze mittlerweile Facebook – damit kann direkt mit meinen Freunden und Follow weltweit reden, und sie bleiben bei meinen neuesten Theorien auf dem Laufenden und sehen Bilder von meinen Reisen. Das bedeutet auch, dass ich sehen kann, was meine Kinder tatsächlich im Schilde führen – und nicht nur das erfahre, was sie mir erzählen.

Ebenso wie das Internet, unsere Smartphones, die Bildgebende Diagnostik in der Medizin, Satellitennavigation und soziale Netzwerke für nur wenige Generationen vor uns unvorstellbar waren, so wird auch unsere zukünftige Welt so tiefgreifend auf eine Art und Weise verwandelt sein, dass wir erst andeutungsweise etwas davon erahnen. Ausschließlich mit Informationen kommen wir nicht dorthin, sondern nur durch den intelligenten und kreativen Umgang mit Informationen.

Noch so vieles mehr steht uns bevor, und ich hoffe, dass all das eine echte Inspiration für die heutigen Schüler und Schülerinnen darstellt. Aber auch wir haben dabei eine Rolle zu spielen: Wir müssen sicherstellen, dass diese Generation nicht nur die Möglichkeit, sondern auch den Wunsch hat, sich schon früh und gründlich auf das Studium der Naturwissenschaften einzulassen. So kann sie später ihr Potential entfalten und eine bessere Welt für die gesamte Menschheit hervorbringen.

Außerdem glaube ich, dass die Zukunft von Lernen und Bildung das Internet ist. Die Menschen können aufeinander reagieren, sich austauschen und miteinander handeln. In gewisser Weise verbindet uns das Internet miteinander wie die Neuronen in einem gigantischen Gehirn. Und wäre uns mit einem solchen IQ nicht fast alles möglich? In meiner Teenagerzeit war es – nicht von mir, aber von der Gesellschaft noch allgemein – durchaus noch akzeptiert zu sagen, man interessiere sich nicht für Naturwissenschaften und sehe nicht ein, weshalb sich man damit herumplagen solle. Das ist heute nicht mehr der Fall. Selbstverständlich setze ich mich nicht dafür ein, dass alle jungen Menschen später einmal Naturwissenschaftler werden sollen. Das wäre in meinen Augen auch nicht die Idealsituation, denn die Welt braucht Menschen mit einem breiten Spektrum an Fähigkeiten und Kenntnissen. Vielmehr vertrete ich die Auffassung, alle jungen Menschen sollten mit naturwissenschaftlichen Themen vertraut sein und nicht davor zurückschrecken, egal wofür sie sich später beruflich entscheiden. Sie müssen naturwissenschaftlich gebildet sein, frei von Angst vor diesen Themen, und motiviert, sich mit Entwicklungen in Naturwissenschaft und Technik auseinanderzusetzen, um mehr zu erfahren.

Eine Welt, in der lediglich eine ganz kleine Superelite dazu in der Lage ist komplexere Themen aus Naturwissenschaft und Technik und deren diverse Umsetzungsmöglichkeiten zu verstehen, wäre meiner Meinung nach gefährlich verblendet und beschränkt. Ich bezweifle ganz ernsthaft, das in einer solchen Welt langfristig nützliche Objekte wie die Befreiung der Ozeane von Müll oder die Heilung von Krankheiten in den Entwicklungsländern durchsetzbar wären. Schlimmer: Wir müssten womöglich feststellen, dass die Technik gegen uns eingesetzt wird und wir keine Möglichkeit haben, sie aufzuhalten.

An Grenzen glaube ich nicht, weder an Grenzen des Machbaren in unserem Privatleben noch an Grenzen dessen, was Leben und Intelligenz in unserem Universum vollbringen können. Wir befinden uns an der Schwelle zu wichtigen Entscheidungen in allen

naturwissenschaftlichen Gebieten. Zweifellos wird sich unsere Welt in den kommenden 50 Jahren ohnegleichen verändern.
Wir werden herausfinden was beim Big Bang geschah. Wir werden begreifen, wie der Anfang des Lebens auf der Erde aussah. Vielleicht entdecken wir sogar, ob im Universum sonst noch irgendwo Leben existiert. Obwohl die Chancen auf eine Kommunikation mit einer intelligenten außerirdischen Spezies möglicherweise eher bescheiden sind, bedeutet die Tragweite, die eine solche Entdeckung hätte, dass wir den Versuch nicht aufgeben dürfen.
Wir werden weiterhin den Lebensraum Kosmos erforschen und Roboter und Menschen in den Weltraum schicken. Wir dürfen auf einem kleinen, zunehmend verschmutzten und überbevölkerten Planeten nicht weiterhin die Perspektive nach innen und auf uns selbst kultivieren. Durch naturwissenschaftliche Forschung und technische Innovation müssen wir nach außen schauen, in das weitere Universum, während wir uns gleichzeitig bemühen, die Probleme auf der Erde zu lösen. Und ich bin optimistisch, dass es uns letztendlich gelingen wird, auf anderen Planeten für die menschliche Rasse bewohnbare Lebensräume zu schaffen. Wir werden die Erde überschreiten, hinter uns lassen und lernen im Weltraum zu leben.
Das ist also nicht das Ende der Geschichte, sondern ein anderer Anfang von – so hoffe ich – Milliarden Leben im Kosmos.
Und schließlich noch ein Letztes: Wir wissen nie, woher und von wem die nächste große naturwissenschaftliche Entdeckung kommen wird. Wenn man die Begeisterung und die Ehrfurcht vor dem Forschungsgebiet Naturwissenschaft weckt, wenn man für ein größtmögliches junges Publikum innovative, offene Wege schafft, dann vermehrt das die Chancen beträchtlich, den/die neue „Einstein“ zu finden und zu inspirieren. Wo immer er/sie sich auch befinden mag. Denkt also daran, zu den Sternen zu schauen und nicht auf eure Füße.

Versucht zu verstehen, was ihr seht, und fragt euch, wie das Existieren des Universums möglich ist.
Seid neugierig! Und ganz egal, wie schwierig euch euer Leben vorkommt: Es gibt immer etwas, das ihr tun – das ihr erfolgreich tun könnt. Gebt nie auf, das ist am wichtigsten! Lasst eurer Phantasie freien Lauf! Gestaltet die Zukunft!

Von welcher- kleinen oder großen – Idee, welche die Welt verändern kann, wünschen Sie, dass die Menschheit sie umsetzt?

Das ist einfach zu beantworten. Ich wünsche mir die Weiterentwicklung der Fusionsenergie, die uns ein unbegrenztes Quantum an sauberer Energie liefert.
Und den Umstieg auf Elektroautos. Kernfusion würde zu einer praktischen Energiequelle und uns – ohne Umweltverschmutzung oder globale Erwärmung – mit einem unerschöpflichen Vorrat an Energie versorgen.

Meinung anderer Wissenschaftler und des Autors:
Stephen Hawking fragt: Was aber steht denen noch bevor, die jetzt jung sind?
So viel steht fest: Ihre Zukunft wird viel stärker von Naturwissenschaften und Technik abhängen als die sämtlicher Generationen vor uns. Mehr denn je müssen sie sich in den Naturwissenschaften auskennen, weil diese in bislang unvorstellbarem Ausmaß zu einem Teil ihres täglichen Lebens geworden sind. Nicht der Vorstoß in das Weltall wird ihr Leben prägen, sondern wie können wir unseren Planeten Erde besser schützen und gestalten, um den nachfolgenden Generationen noch eine gute Lebensgrundlage zu verschaffen. Auch dafür braucht man Phantasie, Intuition und Originalität und das Wissen aus den Naturwissenschaften und der Mathematik.

Vor allem braucht man aber, um diese Ziele zu verfolgen, eine ethische Grundlage.
Diese brauchen wir, um unseren Planeten vor weiterer grenzenloser Ausbeutung zu schützen. Allein der Gedanke, dass, wenn wir unsere Erde abgewirtschaftet haben, dass die Menschheit eventuell künftig ein zweites zuhause im Universum hat, zeigt schon die Grenzen der heutigen Moral auf. Bei tieferem Nachdenken kommt man immer mehr ins Grübeln. Die weitere Erforschung des Weltraumes sollte vorrangig dem Ziel dienen, bessere Erkenntnisse über den Aufbau unserer Erde und die begrenzten Ressourcen zu gewinnen, um aus dem Weltall die Lebensmöglichkeiten auf dieser Erde zu verbessern. Nur dann lässt sich die weitere Weltraumerforschung auch ethisch vertreten. Die Debatten über die Besiedelung des Weltraums durch den Menschen legen auch den Verdacht nahe, dass die Ratten das sinkende Schiff verlassen. Man glaubt nicht mehr an eine große Zukunft auf der Mutter Erde. Oder man kann auch ein anderes Beispiel aus der Religionsgeschichte anführen: die Arche Noah. Als Noah die Arche bestieg, um sich vor der kommenden Sintflut, die vorhergesagt war, zu retten, nahm er wenigstens seine Familienangehörige sowie Tiere und Pflanzen mit. Von all dem ist bei den heutigen Debatten keine Rede. Böse Zungen könnten behaupten: "Nach uns die Sintflut".
Bei all den Debatten, um weitere künftige Entdeckungen und Erfindungen sollten wir auch etwas demütiger sein. Der Mensch musste seine Lebensgrundlagen nicht selber schaffen, diese waren schon alle da. Aus der Schöpfung heraus haben wir dies alles erhalten. Wir haben einen vollen Gabentisch vorgefunden, wir mussten nur noch die einzelnen Päckchen selbst aufschnüren.
Der Mensch bildet mit der Natur zusammen eine Schicksalsgemeinschaft auf dieser Erde.
Dieser sollte er nicht versuchen zu entfliehen, sondern dankbar darüber nachdenken, welches Wunder er selbst ist und welche Wunder

ihn umgeben. Die ganze Natur ist ein einziges Wunder. Dies hat auch Albert Einstein erkannt: „Es gibt zwei Arten, sein Leben zu leben: entweder so, als wäre nichts ein Wunder, oder so, als wäre alles ein Wunder. Ich glaube an Letzteres.

Dies reicht vom Kosmos bis hin zu den allerkleinsten Bausteinen der Materie. Natur als Lebenswerk ist ein ganz besonderes Wunder, denn was muss alles gleichzeitig passieren, damit ein Lebewesen überhaupt leben kann. Schon am eigenen Leib können wir nur allzu schnell erfahren, wie dieser aus dem Gleichgewicht geraten kann, wenn etwas nicht stimmt.

Und unsere menschliche Existenz hängt auf Gedeih und Verderb von der Natur ab. Ist die Natur krank, wird es auch der Mensch werden. Diesen Zusammenhang spüren wir intuitiv auch, wenn wir vom Wunder der Natur sprechen. Wenn wir uns nur einen Moment in unserem gehetzten Alltag darauf einlassen, die Natur um uns und in uns zu spüren, wenn wir dem Natürlichen in uns selbst nachgehen und seine engen Verbindungen mit den Elementen aufmerksam wahrnehmen, dann wird das Wunder der Natur zum Moment, wo Leib und Seele sich als Einheit empfinden. Und genau dann spüren wir auch, wie wichtig unsere Verantwortung dafür ist, die Natur zu erhalten, denn nur so können wir uns selbst erhalten.

Wir vergessen aber leider immer wieder, dass wir Teil dieser Natur sind, weil wir uns weit von ihr entfernt haben. Jetzt allerdings spüren wir nach und nach, dass die Veränderungen in der Natur, die wir selbst verursacht haben, für unser Dasein überhaupt nicht förderlich sind, und zwar auf einer ganz elementaren Ebene: Am Ende werden große Teile der Erde nicht mehr bewohnbar sein, weil es dort einfach zu heiß ist.

Für uns ist die Natur zu einer bloßen Kulisse verkommen, vor der sich unser ökonomisches Handeln abspielt. Die Natur hat einfach nur zu liefern. Dies muss anders werden und zwar sofort, denn wenn die

Luft verschmutzt und das Wasser und der Boden vergiftet sind, dann können wir hier nicht mehr leben. Egal, wie viel Geld wir haben. Das spielt dann auch keine Rolle mehr. Dies hat vor nun mehr als zweihundert Jahren schon ein Indianerhäuptling erkannt, als er dem großen Häuptling der Weißen in Washington folgendes zur Kenntnis brachte: „Jeder Teil dieser Erde ist meinem Volk heilig, denn die Erde ist des roten Mannes Mutter. Wir wissen, dass der weiße Mann unsere Art nicht versteht. Er behandelt seine Mutter, die Erde und seinen Bruder, den Himmel, wie Dinge zum Kaufen und Plündern, zum Verkaufen wie Schafe oder glänzende Perlen. Sein Hunger wird die Erde verschlingen und nichts zurücklassen als Wüste. Die Erde ist unsere Mutter. Was die Erde befällt, befällt auch die Söhne der Erde. Denn das wissen wir: die Erde gehört nicht den Menschen. Der Mensch gehört zur Erde. Alles ist miteinander verbunden. Die Erde verletzen, heißt, ihren Schöpfer verachten“. Eine andere Weisheit der Indianer trifft ebenfalls den Kern unseres falschen Denkens: „Erst wenn der letzte Baum gerodet, der letzte Fluss vergiftet, der letzte Fisch gefangen ist, werdet ihr feststellen, dass man Geld nicht essen kann“.

Alexander von Humboldt hat uns gelehrt, dass die Natur überhaupt nur als Ganzes begreifbar ist. Vielleicht liegt es also daran, dass wir die Naturwissenschaften, die Technik, die Ökonomie, in Einzelteile zerlegt haben, um sie für uns materiell und immateriell besser nutzen zu können, und deshalb wurde das Ganze nicht mehr wahrgenommen. Wir sehen es nicht mehr, dieses wundervolle, natürliche Zauberwerk von Netzwerken, die sich gegenseitig so beeinflussen, dass sie sich auf der einen Seite aufrechterhalten, mit den entsprechenden Ressourcen für ein Weitergehen ihrer Existenz sorgen, und gleichzeitig auf der anderen Seite ihr zukünftiges Werden organisieren. Und aus diesem Werden ist letztlich auch der Mensch hervorgegangen.

Aber dieser Gedanke, dieses Gefühl für unser Sein als Teil der Natur scheint uns verloren gegangen zu sein. Und vielleicht ist es uns verloren gegangen, weil wir an nichts mehr glauben. Nicht mehr glauben, dass es jenseits unsere technischen Möglichkeiten noch etwas gibt, das größer ist als wir. Wir glauben nicht mehr an etwas, das größer ist als die Menschheit. Egal, wohin wir schauen, wir glauben immer nur an das Machbare, das von Menschen Machbare. Das heißt, alles Ökonomische, Technische und Wissenschaftliche hat uns dahin gebracht, dass wir der Meinung sind, wir wären Gott. Und deswegen glauben wir auch, dass wir die Natur beherrschen können. Wir werden derzeit jedoch eines Besseren belehrt. Ziehen wir sofort die Lehren aus unserem Fehlverhalten. Erkennen wir, dass der Mensch nur ein kleiner Teil eines grandiosen Ganzen ist und, dass alles einen Zusammenhang hat und miteinander verbundenen ist. Erkennen wir die Einheit und ziehen daraus die erforderlichen Konsequenzen und die Menschheit wird noch sehr lange eine großartige Zukunft haben, in Übereinstimmung mit den ewig geltenden Gesetzen.

Danksagung

Dank sage ich meiner Frau Waltraud, meinem Sohn Marc und seiner Lebensgefährtin Melanie Däubler für die Hilfe und freundliche Unterstützung bei der Erstellung dieses Buches. Außerdem bin ich dem Schöpfer dankbar, dass wir im Jahr 2018 noch die Enkelin Mara bekommen haben, die, wenn sie dieses Buch später liest, hoffentlich die richtigen Schlüsse für ihr Welt- und Gottesbild daraus ableiten kann.

Register

M

N

O

P

R

S

T

U

V

W